创意家装设计灵感集

清新 卷

创意家装设计灵感集编写组 编

机械工业出版社
CHINA MACHINE PRESS

本套丛书甄选了2000余幅国内新锐设计师的优秀作品，对家庭装修设计中的材料、软装及色彩等元素进行全方位的专业解析，以精彩的搭配与设计激发读者的创作灵感。本套丛书共包括典雅卷、时尚卷、奢华卷、个性卷、清新卷5个分册，每个分册均包含了电视墙、客厅、餐厅、卧室4个家庭装修中最重要的部分。各部分占用的篇幅约为：电视墙30%、客厅40%、餐厅15%、卧室15%。本书内容丰富、案例精美，深入浅出地将理论知识与实践完美结合，为室内设计师及广大读者提供有效参考。

图书在版编目（CIP）数据

创意家装设计灵感集. 清新卷 / 创意家装设计灵感
集编写组编. — 北京：机械工业出版社, 2020.5
　ISBN 978-7-111-65293-9

　Ⅰ.①创… Ⅱ.①创… Ⅲ.①住宅－室内装饰设计－
图集 Ⅳ.①TU241-64

中国版本图书馆CIP数据核字(2020)第059262号

机械工业出版社（北京市百万庄大街22号 邮政编码 100037）
策划编辑：宋晓磊　　　　　　责任编辑：宋晓磊　李宣敏
责任校对：张晓蓉　李 杉　责任印制：孙 炜
北京联兴盛业印刷股份有限公司印刷

2020年5月第1版第1次印刷
169mm×239mm・8印张・2插页・154千字
标准书号：ISBN 978-7-111-65293-9
定价：39.00元

电话服务　　　　　　　网络服务
客服电话：010-88361066　机 工 官 网：www.cmpbook.com
　　　　　010-88379833　机 工 官 博：weibo.com/cmp1952
　　　　　010-68326294　金 书 网：www.golden-book.com
封底无防伪标均为盗版　机工教育服务网：www.cmpedu.com

前　言

在家庭装修中,设计、选材、施工是不容忽视的重要环节,它们直接影响到家庭装修的品位、造价和质量。因此,除了选择合适的装修风格之外,应对设计、选材、施工具有一定的掌握能力,才能保证家庭装修的顺利完成。此外,在家居装修设计中,不同的色彩会产生不同的视觉感受,不同的风格有不同的配色手法,不同的材质也有不同的搭配技巧,打造一个让人感到舒适、放松的家居空间,是家庭装修的最终目标。

本套丛书通过对大量案例灵感的解析,深度诠释了对家居风格、色彩、材料及软装的搭配与设计,从而营造出一个或清新自然、或奢华大气、或典雅秀丽、或个性时尚的家居空间格调。本套丛书共包括5个分册,以典雅、时尚、奢华、个性、清新5种当下流行的装修格调为基础,甄选出大量新锐设计师的优秀作品,通过直观的方式以及更便利的使用习惯进行分类,以求让读者更有效地了解装修常识,从而激发灵感,打造出一个让人感到放松、舒适的居室空间。每个分册均包含家庭装修中最重要的电视墙、客厅、餐厅和卧室4个部分的设计图例。各部分占用的篇幅分别约为:电视墙30%、客厅40%、餐厅15%、卧室15%。针对特色材料的特点、选购及施工注意事项、搭配运用等进行了详细讲解。

我们将基础理论知识与实践操作完美结合,打造出一个内容丰富、案例精美的灵感借鉴参考集,力求为读者提供真实有效的参考依据。

目 录

前 言

Part 1 电视墙/001

装饰材料 文化石 / 002

实用贴士 电视墙如何设计最省钱 / 003

装饰材料 柚木饰面板 / 007

实用贴士 电视墙的色彩设计 / 008

装饰材料 雪弗板雕花（贴银镜）/ 010

实用贴士 如何通过电视墙改变客厅的视觉效果 / 015

装饰材料 玻璃锦砖 / 018

实用贴士 瓷砖装饰电视墙有什么特点 / 023

装饰材料 文化砖 / 024

装饰材料 爵士白大理石 / 029

实用贴士 石膏板电视背景墙的施工注意事项 / 033

装饰材料 手绘墙画 / 034

Part 2 客 厅/035

实用贴士 如何让小客厅更显宽敞 / 037

装饰材料 亚光玻化砖 / 042

装饰材料 红樱桃木装饰线 / 047

实用贴士 如何选用无框磨边镜面来扩大客厅视野 / 050

装饰材料 木质窗棂造型 / 055

实用贴士 如何通过照明来烘托客厅氛围 / 060

装饰材料 木质横梁 / 065

实用贴士 层高较高的客厅怎样搭配灯饰 / 068

实用贴士 层高较低的客厅怎么搭配灯饰 / 075

装饰材料 平面石膏板 / 078

Part 3 餐 厅/081

实用贴士 餐厅吊顶装修应该注意什么 / 081

装饰材料 茶镜装饰吊顶 / 084

实用贴士 餐厅的灯光如何设计 / 089

装饰材料 抛光石英砖 / 092

实用贴士 如何选择餐厅灯具 / 097

装饰材料 仿岩砖 / 100

Part 4 卧 室/103

实用贴士 卧室吊顶的设计 / 105

装饰材料 白枫木饰面板 / 106

实用贴士 主卧室照明的设计 / 111

装饰材料 皮革软包 / 114

实用贴士 卧室中壁灯的选购 / 119

装饰材料 竹木复合地板 / 122

清新型电视墙装饰材料

　　取材自然、质朴素雅，是田园、地中海、乡村美式等清新型家装风格的特点。选材多以天然石材、木材、仿古砖以及带有条纹、格子、碎花等图案的壁纸及布艺元素为主，这类风格代表的是极休闲的生活方式。

① 装饰壁布
② 白枫木饰面板
③ 车边银镜
④ 强化复合木地板
⑤ 印花壁纸

图1

绿色壁布与白色木质窗棂的组合运用，令电视墙的设计层次更加丰富，视觉效果清新淡雅。

图2

米色壁纸与白色木饰面板搭配，给人整齐干净的视觉感受，绿色植物的点缀，让客厅多了一丝自然清爽的感觉。

图3

电视墙面的装饰壁布颜色与地板形成呼应；镜面的运用让墙面的设计层次更加丰富。

图4

碎花图案的壁纸，给人带来的视觉效果清新淡雅，与白色复古家具搭配，彰显出美式田园的韵味。

装饰材料

文化石

　　文化石是以水泥掺砂石等材料灌入模具中制造而成的人造石材,其色泽纹理可媲美天然石材的自然风貌。

👍 优点

　　文化石最吸引人之处是色泽纹路能保持自然原始的风貌,加上色泽调配变化,能将石材质感的内涵与艺术性展现出来,符合人们崇尚自然、回归自然的文化理念。用文化石来装饰电视墙或沙发墙,颜色多以红色系、黄色系为主,图案则以木纹石、乱片石、层岩石最为普遍。

❗ 注意

　　文化石在整体安装、清洁之后,需要整体做一次防水处理,一般采用水性防水涂料,特别是勾缝部分要处理到位。在日常清洁中,使用含碱性的清洁剂进行清洗即可。

⭐ 推荐搭配

　　文化石+乳胶漆+木质装饰线

　　文化石+硅藻泥

图1

文化石斑驳的质感,让电视墙的设计层次更加丰富,也表现出田园风格自然淳朴的特点。

① 文化石
② 白枫木装饰线
③ 实木地板
④ 有色乳胶漆
⑤ 手绘墙画

钢化玻璃茶几
钢化玻璃茶几具有通透的美感，
让空间更加时尚。
参考价格：800~1200元

① 白色板岩砖
② 陶瓷锦砖
③ 强化复合木地板
④ 装饰茶镜
⑤ 印花壁纸
⑥ 米色玻化砖

图1

白色与蓝色的搭配，表现出地中海
风格整洁干净的特点，使整个家居
的氛围整体显得雅致而清新。

图2

多色陶瓷锦砖的运用，缓解了白色
墙面的单调感，丰富了设计层次。

图3

壁纸与装饰镜面的颜色相呼应，体
现配色的整体感。

[实用贴士]

电视墙如何设计最省钱

对于一些隐蔽项目所涉及的材料，一定要选择质量好的。如果贪图便宜，一旦出现问题，就会付出很大的代价。如埋入墙内的电线和水管等材料。而像挂在墙上的装饰品、窗帘和灯具等，都可以选择比较便宜的，因为这些物品即使坏了，修理起来也比较方便，时间久后即使更换新的也不会心疼，这样会在装修的最初节省部分开支。

① 有色乳胶漆

② 胡桃木装饰横梁

③ 红砖

④ 白色板岩砖

⑤ 印花壁纸

⑥ 雕花灰镜

柱腿式茶几
柱腿式茶几的颜色自然淳朴，为客厅带来清新与自然的视觉感受。
参考价格：1000~1200元

图1

翡翠蓝让空间的格调更加高雅，白色占据了墙面的大部分面积，显得简洁明亮，简易壁炉造型让空间变得不再单调。

图2

纯白色的墙面搭配红砖，连续的拱门造型成为墙面设计的亮点，彰显了乡村田园风格淳朴自然的韵味。

图3

板岩砖的表面极富质感，让白色墙面不显单调，搭配原木色电视柜，让客厅的整体基调更加温馨。

图4

雕花镜面为客厅带来现代风格时尚的美感，搭配米色印花壁纸，整体呈现的视觉效果更加柔和。

图1

简约而清爽的墙面,硬包与银镜装饰线的搭配,让设计更有层次。

图2

白色大理石装饰的电视墙,洁净素雅,让客厅显得简洁又不失华丽感。

图3

文化砖给人原始粗犷的感觉,在米色墙漆的调和下,使整个墙面的装饰效果更加柔和清新。

图4

精致的石膏线带有浓郁的古典欧式韵味,与印花壁纸搭配,整个空间的氛围更加悠闲、清适。

吊灯
吊灯的设计造型简洁大方,为待客空间提供了照明保障。
参考价格:800~1200元

① 装饰硬包
② 银镜装饰线
③ 中花白大理石
④ 混纺地毯
⑤ 文化砖
⑥ 印花壁纸

图1

陶瓷锦砖巧妙的拼花成为电视墙设计的亮点，缓解了大面积白色墙面所带来的单调感。

图2

木质搁板的颜色与茶几形成呼应，体现了空间搭配的用心；蓝色与白色的配色，完美展现了地中海风格的浪漫格调。

图3

淡淡的灰蓝色让整个空间都笼罩在一片安逸、轻松的氛围当中，简洁的白色线条，让空间色彩层次更加明快。

图4

古典图案的印花壁纸是电视墙墙面装饰的第一亮点，有效地缓解了白色的单调感，面积不大，却有着精妙的装饰作用。

吊灯
多头吊灯的设计线条流畅，造型优美，彰显了美式灯具的精致。
参考价格：1800~2000元

① 陶瓷锦砖拼花

② 木质搁板

③ 白色板岩砖

④ 有色乳胶漆

⑤ 爵士白大理石

装饰材料

柚木饰面板

柚木饰面板是将柚木刨切成一定厚度的薄片,再黏附丁胶合板表面,然后经热压而成的一种用于室内装修或家具制造的表面装饰材料。

👍 优点

柚木的色泽极富装饰感,给人的感觉温润、质朴,与任何材质进行搭配都能给人一种淳朴、自然的美感。柚木的质地坚硬、细密,十分耐用,不易腐蚀、变形,是木材中胀缩率较小的一种。

❗ 注意

选用柚木饰面板在墙面施工时,要注意板材的纹理应按一定规律进行排列,纹路的方向要保持一致,相邻板材的木色应接近,避免拼凑的情况发生,影响装饰效果。

⭐ 推荐搭配

柚木饰面板+乳胶漆

柚木饰面板+壁纸+木质装饰线

图1

利用柚木饰面板的纹理,让设计造型简单的墙面,呈现出丰富的视觉效果。

① 柚木饰面板

② 石膏装饰线

③ 有色乳胶漆

④ 密度板混油

⑤ 艺术地毯

[实用贴士] **电视墙的色彩设计**

电视墙作为客厅装饰的一部分，在色彩的把握上一定要与整个空间的色调相一致。如果电视墙色系和客厅的色调不协调，不但会影响观感，还会影响人的心理。电视墙的色彩设计要和谐、稳重。电视墙的色彩与纹理不宜过分夸张，应以色彩柔和、纹理细腻为原则。一般来说，淡雅的白色、浅蓝色、浅绿色，明亮的黄色、红色饰以浅浅的金色都是不错的搭配，同时，浅颜色可以延伸空间，使空间看起来更大；过分鲜艳的色彩和夸张的纹理会让人产生视觉疲劳，进而会让人有一种压迫感和紧张感。

① 有色乳胶漆
② 车边茶镜
③ 白枫木饰面板
④ 银镜装饰线
⑤ 肌理壁纸
⑥ 白色板岩砖
⑦ 彩色硅藻泥

壁饰
太阳形状的装饰镜作为墙面装
饰，显得个性又时尚。
参考价格：200~300元

1

包、灰镜、雪弗板雕花的搭配，让
视墙的设计雅致而富有层次感；
型绿植的点缀，为空间带来清新
然的气息。

2

色硅藻泥的运用，在视觉上给人
感觉十分清新，材质本身的环保
能让家居环境更有利于健康。

3

易的壁炉造型是电视墙设计的
点，天然的白色大理石搭配蓝色
漆，呈现出清新明快的视感。

4

色板岩砖搭配深色实木电视柜，
间带来质朴的感觉，淡淡的蓝
墙漆让整个氛围显得安逸舒适。

雪弗板雕花
支革软包
彩色硅藻泥
爵士白大理石
有色乳胶漆
白色板岩砖

装饰材料

雪弗板雕花（贴银镜）

雪弗板又称PVC发泡板（聚氯乙烯）。以PVC为主要原料，加入发泡剂、阻燃剂、抗老化剂，采用专用设备挤压成型。

👍 优点

雪弗板的可塑性很强，与木质材料相比，它的稳定性更强，具有不变形、不开裂、不需刷漆等特点。雪弗板常见的颜色为白色和黑色。在装饰电视墙时，可以选用独立的雪弗板雕花造型来装饰墙，或将雪弗板雕花与装饰镜面进行组合运用，使装饰效果更加丰富。

❗ 注意

家庭装修中最好选用高密度雪弗板，因为高密度雪弗板的密度较高，硬度更强、韧性更好，更加耐用。

★ 推荐搭配

雪弗板雕花贴银镜+木质装饰线+壁纸

雪弗板雕花贴银镜+木质饰面板

图1

雪弗板精美的雕花图案与镜面结合在一起，让电视墙的设计层次更加丰富。

① 印花壁纸

② 雪弗板雕花

③ 木质花格

④ 装饰壁布

⑤ 有色乳胶漆

⑥ 白枫木装饰线

图1

电视墙的对称式设计，增添了客厅搭配的平衡感；蓝色+白色的配色，令空间氛围显得轻松而愉悦。

图2

古典图案壁纸搭配复古的电视柜，给人带来古朴雅致的感觉，两侧蓝色墙漆在白色护墙板的映衬下，显得更加瞩目。

图3

花鸟主题的墙画，为客厅空间带来大自然的气息，白色依旧是空间中最亮的颜色，让整个空间纯洁明亮。

图4

嫩黄色的墙面，搭配深色实木电视柜，为空间营造出一种安逸沉稳的空间氛围，白色石膏线为墙面设计带来了层次感。

> **壁灯**
> 铜质壁灯的设计线条优美流畅，彰显了古典灯饰的精致品位。
> 参考价格：400~600元

① 白枫木饰面板
② 皮革软包
③ 印花壁纸
④ 手绘墙画
⑤ 石膏装饰线

墙饰
小鱼造型的墙饰,增添了空间装饰的趣味性。
参考价格: 180~220元

① 白色乳胶漆
② 陶瓷锦砖
③ 仿古砖
④ 白枫木装饰线
⑤ 白枫木饰面板
⑥ 印花壁纸

图1

电视墙以蓝色与白色作为主要色,奠定了地中海风格的基调,造出海洋般自由浩瀚的感觉。

图2

纯净的白色线条,让墙面的设计更有层次感,彰显了墙面壁纸的质感,令空间的整体氛围更显柔美。

图3

电视墙的设计极为对称,呈现出一个极富平衡感的空间,白色与米色的配色简洁舒适,彰显了现代美式风格的优雅气质。

图4

纯美的白色墙面配上拱形造型古且别致,传递着朴素、自然的气息;白色+米色+绿色的配色让田园气息更加浓郁。

1

纸的花卉图案营造出一个花团锦
的视觉效果，素雅的色调，更显
爽自然。

2

直呼应了室内的色彩，为空间引
了自然的气息，创造出自然亲切
家居环境。

3

型图案的壁纸，让墙面散发着清
自然的气息，银色线条的装饰，
墙面设计更有层次感，也彰显了
式风格居室的轻奢美。

4

色与米色装饰的电视墙，明亮而
；整墙式的收纳柜集功能性与
饰性于一体，是小空间的首选。

吊灯
铜质吊灯的框架简洁大方，搭配
羊皮纸灯罩，营造出一个温馨舒
适的空间氛围。
参考价格：1200~1800元

印花壁纸
白枫木装饰线
与色乳胶漆
木质装饰线描银
装饰硬包

吊灯
吊灯的造型优美，茶色玻璃灯罩
搭配水晶吊饰，更显别致。
参考价格：1600~1800元

① 木质装饰线混油
② 木质搁板
③ 木质踢脚线
④ 有色乳胶漆
⑤ 白枫木窗棂造型贴银镜

图1

纯白色的墙面上孔雀蓝色线条
存在，显得尤为夺目，简洁的线
与直线条，成为整个墙面设计的
点；精美的花艺绿植，强化了空
的田园气息。

图2

亮白色为墙面背景色，分散性地
入蓝色，体现在装饰线、门窗、踢
线等元素上，为空间带来一份快
与闲适之感。

图3

白色墙面、白色边柜在黄色的映
下，带来了素雅的装饰效果，给
以明亮的感觉，让人心情愉悦。

图4

植物花纹壁纸给空间带来清新
雅的视感；镜面在光影的作用下
显时尚。

[实用贴士] 如何通过电视墙改变客厅的视觉效果

　　客厅电视墙一般距离沙发 3m 左右，这样的距离是最适合人眼观看电视的距离，进深过大或过小都会造成人的视觉疲劳。如果电视墙的进深大于 3m，那么在设计上电视墙的宽度要尽量大于深度，墙面装饰也应该丰富，可以在电视墙上贴壁纸、装饰壁画或者在电视墙上刷不同颜色的油漆，在此基础上再加上一些小的装饰画框，这样在视觉上就不会感觉空旷。如果客厅较窄，电视墙到沙发的距离不足 3m，可以通过设计成错落有致的造型进行弥补。例如，可以在墙上安装一些凸出的装饰物，或者安装装饰搁板或书架，以弱化电视的厚度，使整个客厅有层次感和立体感，空间的延伸效果就出来了。

① 银箔壁纸
② 石膏装饰立柱
③ 实木雕花贴银镜
④ 印花壁纸
⑤ 白色乳胶漆
⑥ 彩色釉面砖

① 条纹壁纸

② 石膏装饰线

③ 印花壁纸

④ 木质搁板

⑤ 有色乳胶漆

图1

蓝色与白色的搭配让电视墙呈现出洁净明快的美感，奠定了空间的风格基调；条纹壁纸的融入，令视觉效果更加饱满。

图2

米色花纹壁纸搭配石膏线，柔美中流露出简约的美感；绿植的点缀，为客厅带来了大自然的清新气息。

图3

石膏板的造型让墙面的设计层次更有看点，古典图案的壁纸虽然使用面积不大，却是整个墙面装饰的亮点，让空间基调更显雅致。

图4

在有限的空间里，简单的搭配，丰富了空间的色彩，也为家居生活增添了趣味性。

箱式茶几
茶几的造型古朴，颜色明快且不失沉稳感。
参考价格：1200~1600元

① 有色乳胶漆

② 米色玻化砖

③ 泰柚木饰面板

④ 艺术地毯

⑤ 装饰硬包

⑥ 米色斜纹大理石

图1

素色调墙漆装饰的电视墙，简洁而素雅，黑色木质搁板具有很好的装饰效果，随意摆放的书籍或饰品都可以成为空间中最写意的点缀。

图2

白色与木色的电视柜，在现代风格的直线线条的基础上，表现出主人对大自然的热爱；圆形木茶几与其在质感上形成呼应，呈现出一个自然并极富个性的家居空间。

图3

将富有传统中式韵味的博古架作为现代客厅中的装饰，通透而多变的造型为现代空间带来一份古典美感；绿色植物的点缀，让典雅的空间更富有自然的清新气息。

图4

电视墙的设计十分简洁，白色墙漆搭配米色大理石，柔美中流露出现代风格洁净的美感。

装饰材料

玻璃锦砖

　　玻璃锦砖由天然矿物质和琉璃粉制成,是Ⅰ
安全的建材,也是十分环保的装饰材料。

👍 优点

　　玻璃锦砖的组合变化非常多,具象的图案I
同色系深浅跳跃或过渡,或者为墙砖等其他装们
材料作纹样点缀等。

❗ 注意

　　玻璃锦砖施工时要确定施工面平整、干净
打上基准线后,再将水泥或黏合剂均匀涂抹于Ⅰ
工面上。依次将锦砖粘贴于墙面的同时,应保!
每张之间留有适当的空隙。每贴完一张应即刻
木条将锦砖压平。之后用填缝剂或白水泥充分Ⅰ
充缝隙,最后用湿海绵将附着在锦砖上多余的
缝剂清洗干净,再用干布擦拭,避免留下痕迹,;
响美观。

⭐ 推荐搭配

　　玻璃锦砖+木质装饰线+人造大理石
　　玻璃锦砖+彩色釉面砖+木质装饰线

图1

电视墙两侧运用玻璃锦砖作为装饰,造型对称,彰显
典主义平衡的美感。

① 玻璃锦砖
② 羊毛地毯
③ 印花壁纸
④ 车边茶镜
⑤ 密度板拓缝

白枫木格栅
印花壁纸
白色乳胶漆
白枫木饰面板
手绘墙画
仿古砖

1

视墙以简洁的直线条进行装饰，
称的木质格栅体现了设计搭配的
衡感，也彰显了现代风格简约的
计理念。

2

古的装饰图案，清新淡雅的颜
，让电视墙的设计简约而纯净；
亮的白色墙漆与其搭配，彰显出
古典风格清爽明快的视感。

3

视柜的造型简约且不乏古典韵
，与护墙板形成呼应，打造出一
简洁大气的新古典风格客厅。

4

古的墙画为空间带入一种鸟语花
的视感，扑面而来的自然气息缓
了紧张的都市生活节奏。

弯腿实木茶几
实木茶几的刷白处理，迎合了田
园风格清新、淡雅的格调。
参考价格：800~1000元

① 釉面砖
② 灰白色人造大理石
③ 装饰硬包
④ 印花壁纸

布艺坐墩
坐墩的条纹布艺饰面搭配柱腿式支架,极富美式家具的特点。
参考价格:600~800元

图1

简易的壁炉造型,在釉面砖的装下,展现出丰富的色彩层次,绿的点缀,更显清新。

图2

白色与浅灰色的搭配,给空间带简洁大气的现代风格气息,人造丰富的纹理,创造出一个硬朗而有内涵的客厅空间。

图3

浅灰色硬包的对称式设计,简约而尚,在白色线条的修饰下,质感更突出,让空间的基调稳重而统一。

图4

深色的木质家具,在具有现代感直线条的基础上,更多地表现出然的味道;复古图案的壁纸搭配石膏板,为空间带来恬淡的舒适温馨感。

1

面与白色石膏板的搭配,让整个
间看起来更加宽敞明亮,展现出
代中式风格明快简约的美感。

2

大面积花卉图案壁纸装饰的电视
,营造出一个素雅、安逸的视觉
受,搭配深色木质电视柜,美式
格的氛围十分浓郁。

3

色背景墙为空间带来简洁纯净
感觉,原木色电视柜及花艺的装
,让整个空间满满的自然气息扑
而来。

4

经涂刷的木饰面板装饰电视墙,
整个空间散发着大自然亲切、质
的美感。

吊灯
玻璃灯罩搭配金属支架,极富质
感与装饰感。
参考价格: 1200~1600元

石膏板拓缝

装饰银镜

印花壁纸

木质搁板

白色板岩砖

密度板拼贴

图1

电视墙以白色为主色,打造一个素雅、洁净的客厅空间;材料的运用让视觉效果极富层次感,绿植的点缀也为空间带来别样的生机与活力。

图2

大理石装饰的电视墙浑厚而硬朗,雕花镜面与石材形成鲜明对比,使视觉感受更加丰富。

图3

素色调的壁纸,以一深一浅的波浪纹图案在墙面形成对比,打造出一个简约却不单调的空间氛围。

图4

苏格兰格纹壁纸,搭配红木家具,使整个家居淳朴怀旧且实用舒适,展现出古典美式家居的格调。

单人沙发椅
造型简洁的单人沙发椅,打造出一个安逸舒适的角落。
参考价格:800~1200元

① 石膏板

② 铁锈黄网纹大理石

③ 白枫木装饰线

④ 条纹壁纸

陶瓷锦砖
彩色釉面墙砖
有色乳胶漆
白色板岩砖
成品铁艺装饰
木质搁板
条纹壁纸

[实用贴士]　**瓷砖装饰电视墙有什么特点**

　　近年来瓷砖制作的工艺水平和烧制工艺的提高，给建筑装饰业带来了很多的选择余地。因其没有色差，品种多样，与石材相比在价格上有一定优势。目前瓷砖在居家装饰中运用广泛。其装饰性强，手法多样，还可再加工处理，适用于各种装饰风格，其中以简约、地中海、后现代及较个性的装饰风格居多。

单人沙发
布艺沙发的设计造型十分复古，
为空间带来一份悠闲舒适之感。
参考价格：600~800元

装饰材料

文化砖

　　文化砖属于新型装饰砖,大部分砖面做了艺术仿真处理。不论是仿天然、还是仿古,都具有极高的逼真性。文化砖在某种程度上已经成了可供人们欣赏的艺术品。

优点

　　文化砖多用于电视墙、沙发墙等的装饰。使用文化砖装饰内墙表面,可以省去墙面的粉刷工作,并体现出浓厚的文化韵味。

注意

　　粘贴文化砖前要将树脂材料砂浆加入适量的水进行搅拌,用搅拌好的砂浆适量地涂抹在文化砖上,涂抹厚度一般是3~5mm。粘贴文化砖的时候也要准备5mm左右的砂浆涂抹在墙面上,然后再依次粘贴文化砖,同时使用工具将挤出来的砂浆涂抹到有缝隙的地方,从而保持表面平整无缝隙。最后要对粘贴好的文化砖表面进行清理。

★ 推荐搭配

　　文化砖+木质装饰线+乳胶漆

　　文化砖+木质装饰线+木质饰面板

图1

文化砖的运用,强调了空间美式田园风格质朴、自然的特点。

① 有色乳胶漆
② 文化砖
③ 白色板岩砖
④ 桦木饰面板
⑤ 陶瓷锦砖
⑥ 印花壁纸

1

清美的印花壁纸装饰的电视墙
展现出田园风格清新、淡雅的
周，在白色的衬托下，更多了些
柔和洁净的美感。

2

户造型在文化砖的装饰下，显得
外古朴，彰显了传统美式乡村风
归自然的风格理念；绿植的点
更是为客厅增添了一份大自然
号新之感。

3

显润的米色大理石装饰的电视
简洁大气，搭配简约的木质家
彰显出现代中式风格简洁雅致
美感；一抹绿色的点缀，令空间
剧别具意境。

4

蚰图案的壁纸颜色淡雅，搭配白
产墙板，营造出一个清幽、祥和
习间氛围。

白色乳胶漆
印花壁纸
泰柚木饰面板
文化砖
米色大理石
印花壁纸

① 印花壁纸

② 白枫木饰面板

③ 仿古砖

④ 装饰灰镜

⑤ 密度板拓缝

⑥ 装饰黑镜

绿植
绿植的点缀, 缓解了镜面带来的硬冷之感, 增添了自然气息。
参考价格: 根据季节议价

图1

碎花图案的壁纸打造出一面清新淡雅的电视墙, 搭配上复古的实电视柜, 中式韵味油然而生。

图2

对称、宽敞的美式客厅, 低调奢华浅卡色壁纸搭配白色护墙板, 简而典雅。

图3

隐形门设计让墙面更有整体感分适合于小空间使用; 镜面及白板的组合运用, 让装饰更有层感, 彰显了现代风格的简洁大气

图4

纯洁的白色墙面搭配原木色柜, 色彩搭配和谐统一, 让客厅显宽敞, 展现出现代风格居室简大气的魅力。

木质搁板
白枫木饰面板
有色乳胶漆
印花壁纸
灰镜装饰线
米色网纹大理石

1

炎的绿色墙面搭配白色家具，给
的感觉干净纯洁，增加了空间的
氛感与简洁感；随意摆放的书籍
品，丰富了视觉感。

2

见墙的马蹄式拱门造型是墙面设
中的亮点；嫩绿色墙漆搭配白色
墙板，整体氛围清新明快。

3

花壁纸的装饰，让电视墙看起来
幽淡雅，绿色植物的点缀，承载
整个空间的色彩层次，呈现自然
的视觉效果。

4

文大理石与灰镜线条的搭配，
客厅充满现代风格的时尚感，
型绿植缓解了墙面硬朗、冰冷
视觉感，为客厅增添了几分具有
力的色彩。

图1

深浅搭配的条纹壁纸，塑造出了现代风格简洁明快的格调；黑框装饰画极富艺术感，不经意间成为客厅中最亮眼的装饰。

图2

墙面米色的大理石，打造了一种安定宁静的基调，木质收边条的色调沉稳，为墙面装饰增添了层次感。

图3

鸢尾图案的壁纸色调雅致，极富古典韵味，与现代感十足的镜面进行搭配，打造出一个简洁素雅的家居氛围；绿植恰到好处的点缀，为空间增添了一丝大自然的清新之感。

图4

装饰立柱的造型十分复古，搭配极具表现力的花朵图案壁纸，整个墙面的视觉感十分清新而柔美。

① 条纹壁纸

② 米色网纹人造大理石

③ 车边银镜

④ 木质搁板

实木茶几
圆形实木茶几的设计线条优美流畅，精美细致的雕花，彰显了古典风格家具的特点。
参考价格：1200~1800元

装饰材料

爵士白大理石

爵士白大理石的颜色素雅,质感丰富,纹理独特,美观大方,材质富有光泽,石质颗粒细腻均匀,硬度小,易雕刻,适合用于雕刻用材或异形用材。

👍 优点

利用爵士白大理石素白的纹理来装饰电视墙,使整个客厅的氛围显得更加清新,也更有时尚感,灰白的色调也更加百搭。

❗ 注意

由于爵士白大理石材质比较疏松,质地较软,吸水率相对比较高,因此,后期应做足保养工作。要时常给大理石除尘,清洁时用微湿并带有温和洗涤剂的抹布擦拭,然后再用干净的软布擦干、擦亮。在日常清洁后还可以用温润的水蜡来保养大理石的表面,既不会堵塞石材细孔,又能够在表面形成防护层,一般3~5个月保养一次为最佳。

⭐ 推荐搭配

爵士白大理石+壁纸

爵士白大理石+木质装饰线+木质饰面板

图1

爵士白大理石装饰的电视墙,简洁大气,彰显出现代风格整洁、明快的格调。

① 爵士白大理石
② 艺术地毯
③ 装饰银镜
④ 装饰硬包
⑤ 印花壁纸
⑥ 白枫木装饰线

吊灯
吊灯别致的造型，为空间带来一份后现代风格的时尚美感。
参考价格：1200~1600元

图1

白色木饰面板与镜面的搭配，让整个墙面看起来更加整洁，彰显出现代风格简约而不简单的格调。

图2

以蓝色墙漆装饰墙面，搭配简洁白色线条，蓝白交叠出一份悠然惬意。

图3

灰色给人低调与优雅的视觉感受，与黑色电视柜搭配，展现出现代风格极简的韵味。

图4

白色让客厅空间更显宽敞明亮，彩一致，利用中花白大理石清晰纹理，进行层次区分，让整体感简约而不单调。

① 装饰银镜
② 白枫木饰面板
③ 石膏装饰线
④ 有色乳胶漆
⑤ 强化复合木地板
⑥ 中花白大理石

有色乳胶漆

车边银镜

印花壁纸

红砖

有色乳胶漆

仿古砖

色与白色的搭配，明快且带有一
柔和的美感，绿植、花艺、摆件饰
等元素，为空间增加了浓浓的生
气息，让客厅空间充满活力。

面的运用让整个空间看起来十
宽敞明亮，对称的拱门造型也体
了居室设计的平衡感，印花壁纸
是墙面装饰的亮点，为洁净的墙
带来一份暖意，使整体空间在视
上显得更为完整美观。

专让墙面的色彩搭配更有层次
缓解了米色与白色的单调感，
也彰显了美式风格居室自然朴
的美感。

形的壁龛设计，给人带来舒适
觉感受，蓝与白的配色，简洁
，令空间整体呈现清新雅致的

① 装饰银镜
② 彩色硅藻泥
③ 灰白色板岩砖
④ 实木装饰线
⑤ 白色乳胶漆
⑥ 有色乳胶漆

图1

嫩黄色的墙面搭配银镜，两种材
的质感对比强烈；绿植与木色家
使空间的自然气息更加浓郁。

图2

拱门造型是电视墙装饰的亮点
白相间，奠定了地中海风格自
浪漫的格调。

图3

高挑的客厅中，电视墙简易的
设计造型，以及装饰画的点缀
空间的艺术气息更加浓郁。

图4

电视墙的色彩搭配清爽明快，
的视觉效果十分饱满；左右两
放的青花瓷器，是装饰的亮点
搭情趣跃然于眼前。

瓷器
青花瓷器为欧式风格居室带入一
抹富有东方韵味的美感。
参考价格：200~400元

爵士白大理石
白色乳胶漆
木质搁板
彩色釉面砖
仿岩涂料
石膏板拓缝

组合茶几
木质托盘式组合茶几，简洁大方，彰显了北欧风格家具简约时尚的特点。
参考价格：600~800元

[实用贴士]

石膏板电视背景墙的施工注意事项

纸面石膏板内墙装饰的方法有两种：一种是直接贴在墙上的做法；另一种是在墙体上涂刷防潮剂，然后铺设龙骨（木龙骨或轻钢龙骨），将纸面石膏板镶钉或黏于龙骨上，最后进行板面修饰。电视背景墙在施工时应特别注意墙面上的不规则造型，要按照设计图纸进行施工，弧度处理要自然。基层一般先用木质板做好造型，再在表面封上石膏板，石膏板之间应留出伸缩缝。在刷乳胶漆时要特别注意两种颜色的处理，应先刷好一种颜色，干后再刷另一种颜色，要特别注意对已完成部分的保护。在原墙面上处理好基层后刷乳胶漆，然后再做石膏板造型。石膏板对接时要自然靠近，不能强压就位，板的对缝要按 1/2 错开，墙两面的对缝不能落在同一根龙骨上。采用双层板的，第二层板的接缝不能与第一层板的接缝落在同一根龙骨上。

装饰材料

手绘墙画

手绘墙画运用环保的绘画颜料，依照居室主人的爱好和兴趣，迎合家居的整体风格，在墙面上绘出各种图案以达到装饰效果。

👍 优点

利用环保且多变的手绘墙画来装饰电视墙，可以以花鸟为主题，也可以绘制卡通画，还可以画上妖娆的藤蔓等，是家居装饰中最具创意的点睛之笔。手绘墙画并不局限于装饰电视墙，开关座、空调管等角落位置不适合摆放家具或装饰品，可以用手绘墙画来进行装饰，精致的花朵、自然的树叶，往往能产生意想不到的效果。

❗ 注意

绘画前要根据居室的整体风格和色调来选择尺寸、图案、颜色及造型。手绘墙画风格有中式风情、北欧简约、田园色彩、卡通动漫等多种选择。其中，植物图案是如今最为流行的墙面手绘图案，绿色植物、海草、贝壳、芭蕉、荷花等都成了手绘墙画的宠儿。

⭐ 推荐搭配

手绘墙画+乳胶漆

图1

手绘墙画以花鸟为题材，彰显了传统中式文化的底蕴。

① 手绘墙画

② 印花壁纸

③ 装饰硬包

④ 米色人造大理石

⑤ 艺术地毯

清新型客厅装饰材料

要体现清新型客厅的唯美、温馨、简约、优雅的印象,在选材上多会以原色木材搭配素色墙漆、碎花布艺等进行组合,使整个空间单凭视觉就能感受到清新的效果和良好的质感。

① 条纹壁纸

② 有色乳胶漆

③ 肌理壁纸

④ 米色亚光地砖

图1

客厅中的木质家具经过圆润的修边处理,线条简洁且饱满,双色饰面更显质感;墙面的连续拱形设计,更加凸显了地中海风格的结构特点。

图2

淡蓝色的墙面搭配米白色布艺沙发,为空间增添了无限的活力,黑色柱腿式茶几,复古而经典,将白色与蓝色的背景衬托得更加纯洁而明亮。

图3

以浅咖啡色与白色为背景色的客厅,给人恬适而温馨的感觉,布艺元素点缀出一个华丽而精致的空间。

图4

客厅的整体氛围轻快明亮,亮色布艺抱枕增添了活力感;沙发、电视柜、茶几等低矮型家具充分释放了小客厅的使用面积。

图1

理性、简洁的客厅，体现着现代活的品位。米白色沙发墙面设简洁而舒适，同色调的沙发搭配色木质边框，烘托出空间素雅氛围。地毯及电视柜的颜色形成应，让配色更有层次。

图2

木色大理石纹理丰富，给居室带来透整洁的美感，也是整个客厅硬装分的亮点；棕黄色布艺沙发为浅色空间制造出稳重的视觉感受。

图3

客厅的装饰十分简单，却带有浓的温馨气息，米色洞石与印花纸，质感十足，简约夺目，完美地添了家居生活的品质。

图4

现代美式风格客厅中色彩以卡色、白色、浅米色为主。灯饰的条优美流畅，木质家具温润质朴布艺沙发柔软舒适，呈现出一个调而有品质的家居空间。

① 有色乳胶漆

② 木纹人造大理石

③ 米黄色洞石

④ 红砖

⑤ 仿古砖

1

木色家具，同色调的布艺沙发，草编织的地毯，给人以自然质朴感，打造出一个轻盈而舒适的日居室空间。

2

面的运用让小客厅变得宽敞而明，沙发、地毯、窗帘等布艺元素给带来的触感及视感柔软舒适，很地缓解了镜面的冷硬之感，让空的整体氛围更加和谐。

3

色是表现清新氛围的首选色，低度的绿色墙漆搭配米白色布艺发，清新简洁，蓝色休闲椅的点给空间带来无限的舒适与惬意惑。

装饰画
组合装饰画的色调淡雅，极简的主题，增强了空间的艺术气息。
参考价格：60~120元

木质格栅吊顶
无缝饰面板
手工编织地毯
强化复合木地板
车边银镜
白色乳胶漆

[实用贴士]

如何让小客厅更显宽敞

（1）色彩调节法。光线较暗的小客厅，应该在装饰色彩上下功夫，如墙面涂成淡色，并尽量使用一些白色或淡色的家具，可使光线得到明显改善，使居室显得宽敞些。

（2）玻璃反射法。在客厅墙上装一整面的玻璃，通过玻璃的反射作用，可在视觉效果上扩大客厅。特别是狭长的客厅空间，在两侧装上玻璃，效果更好。

（3）雅趣悦目法。小户型客厅更应该进行精心的布置，如挂一些小型的工艺品或字画，再配上几盆花草盆景，可增添一些雅趣，使人犹如置身于大自然之中。

① 仿古砖
② 白色板岩砖
③ 混纺地毯
④ 艺术墙砖
⑤ 印花壁纸

图1

客厅的整体设计简约明快，墙面
计力求简洁，不做过多的装饰，
加凸显了家具的质感，也强调了
式风格自然质朴的美感。

图2

客厅的色彩搭配十分清新明快，
花图案的沙发椅与墙面形成呼应
深色木质家具增添了稳重感，营
出了温馨优雅的美式田园氛围。

图3

米黄色与蓝色形成视觉上的互补
使整体氛围优雅而时尚，电视墙
连续拱形造型，是客厅设计的
点，色彩斑斓的艺术墙砖为客厅
来一丝异域风情的美感。

图4

以浅咖啡色为背景色的客厅，具
现代欧式风格的轻奢美感，白色
客厅带来了不可或缺的明亮之感

1

□白相间的条纹布艺沙发是客厅
的绝对主角,彰显了地中海风格
新浪漫的特点,与米色背景墙搭
□,为客厅增添了一份朴素之感。

2

卡色的布艺沙发搭配蓝色条纹布
坐垫,舒适且大气,巧妙地点缀了
□色彩;金属支架的钢化玻璃茶
□为客厅带来现代风格的时尚美。

3

□洁净的镜面凸显了壁纸的质
□素雅的底色精美的碎花图案,为
□厅带来一份清新与雅致的美感。

4

□厅的整体氛围给人安逸舒适的感
□,彩色釉面及仿古砖的运用,更
□客厅显得朴实而经典。

□白色板岩砖
□中花白大理石
□车边银镜
□彩色釉面墙砖
□仿古砖

留声机
复古留声机,为客厅带来一份浓
郁的复古情调。
参考价格:根据新旧程度议价

① 装饰硬包

② 仿古砖

③ 米色网纹大理石

④ 有色乳胶漆

⑤ 强化复合木地板

⑥ 白枫木装饰线

⑦ 艺术地毯

图1

电视墙的灰蓝色硬包为客厅带来
统美式风格的美感，米黄色地面、
面及布艺沙发，与双色木质家具的
配平衡，且柔化了美式风格的韵味

图2

具有浓郁古典意味的客厅中，软
与硬装显得奢华大气，零星点
的鲜花及绿植，让客厅中弥漫着
机，成为客厅中不可或缺的点缀。

图3

鸟蛋绿、白色、木色构成了客厅
间的主要配色，是北欧风格的常
色彩搭配。简约的空间中，布艺
素显得十分丰富，有效地凸显了
蛋绿的亮丽与优美。

图4

客厅空间以驼色为主调，白色家
的运用，为客厅带来一份清爽、
洁的美感。水墨画清丽淡雅，素
陶质茶具饰品，墨色茶香，极富
式情调。

印花壁纸
米色亚光地砖
有色乳胶漆
彩色釉面墙砖
白枫木饰面板

1

碎花壁纸装饰的电视墙，给人带清新、舒爽的视觉感。淡绿色布抱枕与短沙发的颜色形成呼应，整体空间的色彩氛围更显明快。

2

淡的蓝色给人带来简洁而轻盈的觉感受，柔软的布艺沙发与抱枕的配，让客厅的氛围舒适且随性。

3

厅的色调温和朴素，不张扬，不作。电视墙采用连续的拱形设，既满足美化空间的要求，又彰了地中海风格的结构特点。

4

咖啡色的地面为客厅提供了安稳静的感觉，搭配白色墙面、家具蓝色布艺沙发，使得整个空间低又不失活力。

装饰花卉
花艺的运用，为客厅空间融入了大自然清新烂漫的气息。
参考价格：根据季节议价

装饰材料

亚光玻化砖

亚光玻化砖是近几年出现的一个新品种，称全瓷砖，使用优质高岭土强化高温烧制而成质地为多晶材料，主要由无数微粒级的石英晶和莫来石晶粒构成网架结构，这些晶体和玻璃都有很高的强度和硬度，其表面光洁而又无需光，因此不存在抛光气孔的污染问题。

优点

亚光玻化砖可以减少空间的光污染，使空具有静谧的氛围。其纹理及色调没有太多的实限制，只要不是过浅或与空间的总体色调不相就可以。

注意

玻化砖在铺贴前，应先处理好地面的平度，干铺的基层要达到一定的硬度才能进行砖，铺贴时接缝保留在2~3mm左右。白色砖用白水泥，铺贴前先打上防污蜡，可提高砖面抗污能力。

推荐搭配

亚光玻化砖+木质踢脚线+地毯

亚光玻化砖+人造石踢脚线+地毯

图1

亚光玻化砖的色调与墙面、顶面搭配得十分和谐，整空间的基调十分温馨。

① 印花壁纸

② 亚光玻化砖

③ 有色乳胶漆

④ 白枫木饰面板

⑤ 白色板岩砖

⑥ 仿古砖

文化石

米色亚光地砖

有色乳胶漆

白色板岩砖

密度板混油

艺术地毯

1

匕石装饰的壁炉造型，是客厅装
的亮点，复古的家具、手工饰品、
专等元素，无一不让整个空间散
着自然、舒适的质朴气息。

2

色与大地色系搭配的客厅空间
布艺抱枕、陶瓷坐墩等元素成
空间不可或缺的亮色，丰富了美
风格的韵味。

3

目相间的装饰元素是客厅中较为
艮的装饰，强化了整个空间的层
戈。

4

□海风格的居室中，植物的点缀，
下少，可以令空间清新而柔美。

实木边几
边几的多层设计，增强了收纳功
能，实用性与装饰性兼备。
参考价格：200~400元

吊灯
色彩绚丽的多头吊灯,是客厅装
饰中的最大亮点,华丽而丰富。
参考价格: 2200~2800元

图1

碎花壁纸与白色家具,让客厅背
着浓郁的乡村田园气息,整体格
清新而淡雅,地面的仿古砖用重
搭配,增加了空间色彩的稳定感

图2

沙发与地毯丰富了空间的色彩层
让客厅显得格外温馨,白色电视
薄荷绿的沙发墙形成鲜明对比,
雅致的空间氛围油然而生。

图3

客厅中以蓝色为主色调,整体氛
沉稳宁静,抱枕、灯饰、挂画、
家具的点缀,丰富了空间氛围。

图4

灰白色墙砖装饰的电视墙是客
计的亮点,为客厅带来一份粗
朴的视感。

① 云纹大理石

② 仿古砖

③ 白色板岩砖

④ 石膏浮雕装饰线

⑤ 条纹壁纸

⑥ 灰白色板岩砖

条纹壁纸

有色乳胶漆

彩色硅藻泥

白枫木装饰线

文图案成为客厅装饰的主角，呈
的视觉效果十分饱满，搭配古朴
的木质家具、特色灯饰、花边
等元素，将地中海风情的格调
得淋漓尽致。

色与米黄色的搭配，给人柔和、
的视觉感受，浅灰色布艺沙发
间的古典韵味十足，大花图案
毯搭配白色木质家具，更营造
唯美纯真的空间氛围。

及异形吊顶搭配暖色灯带，营造
一个温馨浪漫的空间氛围；电视
选用环保硅藻泥作为装饰，表
现代风格居室以健康环保为先
计理念。

的灰蓝色皮质沙发极富质感，
厅装饰的亮点。以浅米色与白
背景色，给家居空间带来柔和
的气息。墙饰、挂画、地毯、灯
不同材质及色彩的融合与相互
，保证了视觉的完整性。

① 爵士白大理石
② 米色大理石
③ 印花壁纸
④ 中花白大理石

吊灯
吊灯的创意造型，展现了现代风格的时尚美。
参考价格：1200~1600元

图1

中性色调的灰色墙面搭配米色布艺沙发，给人以无比温馨的感觉；白色大理石装饰的墙面及原木色家具给空间带来了干净自在的舒适感。

图2

石材与茶色镜面的搭配时尚大气，奠定了空间现代风格的基调。造型简洁的皮质沙发、柔软的布艺枕、艺术感十足的地毯，让客厅整体氛围理性中夹杂着温暖、舒适惬意。

图3

壁纸及布艺家具的花色保持一致，表现出装饰搭配的协调性，也使空间氛围更温馨舒适。

图4

深色的窗帘与抱枕让空间配色更有层次，整体氛围更充盈、奢华大气。

饰材料

红樱桃木装饰线

红樱桃木的表面带有矿物质点或条纹,对于尚自然的人而言,很能体现出天然木材制品的固特性,也多了一点生动与纯朴。

优点

红樱桃木的木质细腻,颜色呈自然棕红,装效果稳重典雅,又不失温暖热烈,因此被称为"富贵木"。利用红樱桃木作为墙面装饰线条,能体现空间风格自然淳朴的韵味。

注意

清洁木质装饰线只要用干布擦拭或掸掉灰即可,尽量不要使用带水的抹布来擦拭木线条面,避免出现掉漆的情况,以延长装饰线的使年限。

推荐搭配

红樱桃木装饰线+壁纸

红樱桃木装饰线+乳胶漆

樱桃木装饰线的运用,给电视墙的设计增添了层次表现出古典主义风格淡雅别致的美感。

① 印花壁纸

② 红樱桃木装饰线

③ 有色乳胶漆

④ 混纺地毯

⑤ 艺术墙贴

⑥ 米色网纹玻化砖

① 仿古砖

② 艺术地毯

③ 有色乳胶漆

④ 石膏装饰线

壁饰
群组的鱼形金属挂件，为空间注入无限活力与生趣。
参考价格：200元左右

图1

黄绿色花纹地毯、复古的木质具、米色布艺沙发，使整个家居洁怀旧且实用舒适。

图2

沙发的条纹图案给空间增添了东田园风格的韵味，家具的线条简大方，体现了现代美式的舒适性。

图3

蓝色墙面营造出一个沉稳安逸间氛围。做旧的樱桃木茶几、边质感格外突出，搭配浅灰色沙发个客厅现代而不失美式韵味。

图4

米白色的背景色，点缀红褐色木家具，提升了空间层次感。的细节及面料的选色处理，让空间的美式韵味更浓。墙面挂破了大面积米色的沉闷感，抱颜色互补，创造出节奏明快的空间。

1

白色调的客厅中，装饰画格外醒目，极富艺术感；零星点缀的花草为现代居室带来大自然的亲切感。

2

卡其色为背景色的空间内，深棕色实木家具，强化了空间的沉稳格调，挂画、抱枕、绿植、灯饰的点缀美提升了空间的质感。

3

气满满的色彩组合勾勒出了清新明朗的空间氛围，米白色的布艺沙发和几何图案的地毯，增加了空间的舒适感。绿色边柜、彩色抱枕、木色与白色的组合茶几、明黄色的坐墩，在展现层次感的同时，完美强化了色彩表现力，提升了整个空间的气场与韵味。

4

面、布艺沙发、花边地毯的条纹图案，彼此形成呼应，打造出丰富的色彩对比效果，蓝白色调还带来轻松愉悦的视觉感受。

爵士白大理石
米色玻化砖
白色板岩砖
强化复合木地板
艺术地毯

吊灯
简洁大气的吊灯，充分保证了客厅空间的照明，并具有很强的装饰效果，彰显了现代风格灯饰的简约格调。
参考价格：1200~1600元

图1

手绘图案为客厅营造出一派鸟语香的视感，成为整个空间里的视焦点；客厅里的木质家具，以原自然色调为主，温润而富有质感流露出自然、舒适的质朴气息。

图2

淡绿色的沙发墙，为空间带来自清爽的视觉感受，缓解了镜面、材、金属所带来的冷硬感。设计型简约时尚的皮质沙发选色柔和十分具有包容性，将色彩各异的枕、地毯等布艺元素，巧妙地融空间，打造出极具舒适感的现代格客厅。

装饰画
抽象派装饰画为客厅空间增添了极强的艺术感。
参考价格：200~300元

[实用贴士]　　如何选用无框磨边镜面来扩大客厅视野

　　水银镜面是延伸和扩大空间视野的好材料。但是如果用得太多，或者使用的地方不合适，就会适得其反，要么变成练功房，要么成了高级化妆间。首先，镜面忌用到客厅的主体墙装饰上，尤其不适宜大面积使用；其次，镜面面积不应超过客厅墙面面积的2/5；最后，镜面的造型要选择比较简单的。还有一点要特别提醒大家，安装结束后，边口的打胶处一定要处理干净，以使其整洁且牢固，这样才美观、安全。

① 装饰灰镜
② 手绘墙画
③ 米白色洞石
④ 黑金花大理石波打线
⑤ 米色抛光地砖

白色人造大理石
强化复合木地板
中花白大理石
有色乳胶漆
米白色亚光玻化砖
装饰黑镜

单人沙发椅
绒布饰面的沙发椅，柔软舒适，极富
质感，展现了空间软装搭配的用心。
参考价格：600~800元

1

绿色布艺沙发为空间带来一份低
的华丽美感，缓解了白色背景色
单调与深色木质家具的沉闷。

2

帘及抱枕的颜色形成呼应，是客
中较为亮眼的点缀，为古典风格
厅带来一份清新的视感。

3

厅的硬装部分时尚简洁，布艺
发、挂画、茶几、边几、灯饰、绿
，为客厅增添了活力与生活感。

4

代风格客厅以灰色与原木色为主
调，打造出一个淡雅舒适的空间
围。墙面挂画与抱枕的颜色十分
跃，让人心情愉悦。

① 爵士白大理石

② 白色板岩砖

③ 桦木饰面板

④ 深咖啡色网纹大理石波打线

⑤ 黑镜装饰线

⑥ 艺术地毯

⑦ 米色玻化砖

图1

带有古典图案的印花壁纸为客厅来自然、清新的感觉，并缓解了面积石材的冷硬感，让客厅的整感觉更加和谐舒适。

图2

蓝色布艺沙发，无疑是客厅中最鲜艳的亮点，将空间色彩凸显得加明快。白色墙面及电视柜与沙形成对比，让整个空间充满活力。

图3

奶白色的整体空间点缀深色的几、边柜，压制住了大面积浅色带来的轻飘感。零星点缀的花艺饰品，搭配了空间色彩的单调。

图4

亮白色的电视墙上，黑镜线条的缀，简约时尚，加强了空间的层感。灰白色布艺沙发搭配同色调圆形茶几，并点缀几何图案的抱及地毯，显得从容大方，装饰效果出，为客厅带入一抹亮丽与浪漫。

1

草图案的壁纸给人带来柔美、素
的感觉。白色电视柜、复古的灯
、挂画、饰品在米色的衬托下，呈
出素雅、洁净的装饰效果，给人
感觉更加轻松愉悦。

2

浅灰色与白色为背景色的客厅
巨幅装饰画是客厅装饰的亮
搭配黑白几何图案地毯、绿色
质坐墩，整体的色彩感觉明快而
富。

3

厅的整体搭配中规中矩，零星点缀
花草布艺的色彩较为丰富，为客厅
可增添了一份生活的情趣感。

4

色地毯为客厅带来舒适感，同时
空间基调更加稳重。挂画、灯饰、
尤，使空间色彩层次更加丰富。

装饰画
色彩绚丽斑斓的装饰画，提升了
整个空间色彩的层次。
参考价格：200元

印花壁纸

白色板岩砖

陶瓷锦砖

肌理壁纸

① 装饰灰镜
② 白枫木装饰线
③ 米色玻化砖
④ 有色乳胶漆
⑤ 混纺地毯
⑥ 印花壁纸
⑦ 白枫木饰面板

图1

蓝色布艺沙发是客厅装饰中的亮点，颜色清爽淡雅，搭配白色墙面，明快而简洁。电视墙面深浅色条纹壁纸与镜面搭配，现代感十足。

图2

美式风格家居，大气而温馨舒适，浅灰白色墙面具有强烈的现代美感，米色布艺沙发是经典的美式风格，配上双色木质家具，典雅而富有层次感。

图3

鸢尾图案壁纸装饰的墙面，给人一种低调贵气的感觉；碎花布艺沙发搭配白色雕花木制家具，打造出一个温馨且整洁明快的空间氛围。

图4

布艺沙发的银色与墙面的壁纸图案形成呼应，使装饰效果更加突出，极富高雅气质。大型绿色植物为客厅注入一丝清新的自然气息。

装饰材料

木质窗棂造型

　　木质窗棂造型通常是选用优质木材，采用榫卯拼贴在一起，以精湛的工艺，展现出空间装修的风格。

优点

　　利用木质窗棂造型来丰富客厅墙面的设计造型，是最能突出墙面设计的一种手法。将传统的中式文化艺术与现代装饰融为一体，设计感更强、更巧妙。

注意

　　木质窗棂在进行安装时，应在预留位置涂抹一层万用胶，使其与边框、墙面、地面紧密接合，必要时还要搭配一些榫头，以增加牢固度。

★ 推荐搭配

　　木质窗棂造型+大理石拓缝

　　木质窗棂造型+木质装饰线+壁纸

　　木质窗棂造型+木质装饰线+乳胶漆

图1

木质窗棂与磨砂玻璃搭配，在灯光的衬托下更显层次分明，装饰效果极佳。

① 米色人造大理石

② 木质窗棂造型

③ 印花壁纸

④ 白枫木装饰线

⑤ 密度板混油

⑥ 仿古砖

① 装饰银镜
② 银镜装饰线
③ 实木复合地板
④ 彩色硅藻泥
⑤ 白枫木装饰线

图1

整个空间运用了现代风格的家具造型及色彩，再混搭中式元素的挂画及饰品，创造出一个新颖别致的现代中式风格空间。

图2

素色的墙面，银色线条的装饰，让墙面更有层次感，两幅精美的挂画，增强了空间的艺术气息。色彩互补的布艺抱枕让客厅的整体氛围更显活泼。家具、地毯、灯饰、线条多种材质的协调搭配，使整个空间在视觉上更为完整美观。

图3

灰色布艺沙发为客厅带来现代时尚感，墙面简单的白色线条缓解了大面积单色的单调感，让空间的整体基调更显和谐。

图4

浅咖啡色的布艺沙发为空间带来一份厚重沉稳的美感，明亮的黄色沙发椅与蓝色坐墩，形成鲜明对比，并且点亮了空间，大型绿植为客厅带来清新的自然气息。

电视柜
封闭式电视柜的颜色雅致，为空间带来一份清新质朴的感觉。
参考价格：800~1200元

有色乳胶漆
肌理壁纸
欢式花边地毯
木质搁板

灰蓝色的背景色，让客厅的整体显十分安静，简洁的石膏线条增加了明快感，家具的复古造型，使欧风格的格调更突出。

2
色沙发是客厅的绝对主角，极富线与装饰感，让整个客厅的氛围感又带有一丝清爽的气息。

3
大地色系作为配色的客厅中，白与绿色的运用，为空间带来不容见的清新、明快的视觉感受，复的灯饰、家具、地毯，展现出一份雅与闲适。

的家具简洁而精致，追求功能式的完美统一。白色、米色、木的配色让客厅更显简约舒适。

绿植
大型阔叶植物,为地中海风格客厅引入了大自然的清新气息。
参考价格:根据季节议价

① 水晶装饰珠帘
② 羊毛地毯
③ 有色乳胶漆
④ 白色板岩砖
⑤ 白枫木饰面板
⑥ 白枫木装饰线

彡华丽的新古典风格客厅中，孔
蓝的布艺沙发是空间装饰的亮
银色雕花边框的搭配，华丽中
露出一丝清新之感。

色与白色为主色调的客厅，整体
雅而舒适，挂画、灯饰、布艺的点
为空间注入无限的生活乐趣。

发的颜色十分浓重，给人带来华
的视觉感受，亮白色的运用，使
客厅感觉更加宽敞明亮，色彩
调也更加和谐。

布饰面的沙发，十分富有质感与
硬感，实木框架的精美雕花，经
银漆修饰更显奢华贵气，抱枕的
形成互补，为客厅带来一份活
。

印花壁纸
方古砖
石膏装饰线
欧式花边地毯
纹大理石
艺术地毯
色玻化砖

装饰画
黑白色调的装饰画,让客厅的色彩搭配更有层次感,也增强了空间的艺术气息。
参考价格:50~100元

[实用贴士]　　**如何通过照明来烘托客厅氛围**

　　客厅作为家居中最主要,使用频率最高,也最为开敞的空间,在照明设计上是比较讲究的,除了有吊灯、吸顶灯、水晶灯等主灯外,还可能会配有壁灯、射灯等。墙面图案的色彩与灯光效果有着密切的关系,不同的灯具有不同的光色,在选择墙面图案的时候,要适当考虑光色对图案的影响。例如,在暖色灯光下,蓝色的图案会变得偏向绿色,如果客厅中安装的是偏冷的日光灯,则可以选择淡黄色或米色的墙面图案。

① 彩色硅藻泥
② 米色大理石
③ 实木复合地板
④ 艺术地毯
⑤ 手绘墙画
⑥ 有色乳胶漆

方岩涂料
白色板岩砖
方古砖
密度板混油

实木茶几
实木茶几的造型简洁大方，展现
了现代风格家具的美感。
参考价格：400~600元

白色电视柜、茶几的运用，为客
厅增添了明快的感觉。黄色在客厅
的使用面积最小，却将色彩搭配
得极为巧妙，是整个空间中最不容
忽视的亮点。

2
地色系的客厅大气沉稳，布艺沙
发的颜色格外醒目耀眼，使整个空
间色彩搭配温馨而怀旧。

3
白色系是最能表现美式风格特点
的颜色，家具、挂画、灯饰、饰品，
搭配合理巧妙，丰富了小空间的层
次感。

4
布艺沙发及墙面增强了白色空
间层次感，营造出一个自由浪漫
的空间格调。

图1

鹿头挂件有着象征吉祥、富贵的寓意，为空间带入一份复古情怀。客厅的背景色清爽、明快，家具、灯饰、饰品的材质和色彩拿捏得恰到好处，彰显了整个空间的品质。

图2

客厅以淡蓝色为背景色，素雅、安静，呼应了布艺沙发的静谧感。原木色实木茶几、电视柜、灯饰，凸显出美式风格的格调。

图3

米白色布艺沙发搭配原木色家具，整体基调自然而清雅；宝蓝色布艺窗帘无疑是客厅中色彩设计的亮点，为淡雅的空间融入一抹亮色。

图4

浅卡色为客厅增添了一丝高雅的气息，灯饰、家具、布艺饰品，很好地协调和了空间的色调，从软装细节上提升了整个空间的品位，为客厅增加了时尚元素。

① 肌理壁纸
② 有色乳胶漆
③ 白枫木装饰线
④ 欧式花边地毯
⑤ 强化复合木地板
⑥ 仿古砖

原木色与白色为主要配色的客厅，
的感觉洁净而优雅，花艺、抱枕、
、灯饰，保证了客厅的美感与舒适
表现出悠闲、自然的生活情趣。

整体以米白色、原木色等大地
系为主，既有现代风格的简约冷
也有日式风格的温暖清新。

墙面以淡淡的杏色墙漆作为
，让空间的整体感觉轻柔而舒
柔软的布艺沙发、复古的实木
与边柜，恰到好处地润泽了视
饱满度，展现出美式风格从容
的生活品位。

色布艺沙发与黑白色花纹地毯
呼应，简约而复古。挂画、灯
家具及饰品，都很好地诠释着
典风格的精致品位。

吊灯
质吊灯的设计造型优美，展现
式风格精致的特点。
参考价格: 1200~1600元

术地毯
理壁纸
古砖
花壁纸

① 木质搁板
② 印花壁纸
③ 米色亚光玻化砖
④ 石膏装饰浮雕
⑤ 强化复合木地板
⑥ 艺术地毯

图1

柔软的布艺沙发搭配墙面上三幅
合装饰画，营造出一个脱俗雅到
现代风格空间。电视墙的搁板设
十分别致，素色印花壁纸显得格
清新柔美，随意摆放的饰品摆
让客厅多了几分时尚感。

图2

客厅以白色作为背景色，精致的
雕花，凸显了古典风格的奢美格调
色家具的运用，沉稳大气，极富质
营造出一个低调奢华的空间氛围。

图3

客厅给人的第一感觉就是整洁
馨、舒适，抱枕及绿植的点缀，
了色彩层次，也为空间融入一
然、清新的美感。

图4

客厅的硬装设计十分简单，一
简洁舒适为主。电视墙的壁炉
简约大气，地面铺设实木地板
配深色花边地毯，更显典雅大气

装饰材料

木质横梁

　　木横梁有实木横梁与贴皮横梁两种，通常以实木横梁的装饰效果为佳，可以根据家居风格来选择木材的颜色。

👍 优点

　　木质横梁不仅有装饰功能，还有一定的切割空间的作用。几根简单的横向线条会给人平稳、安定的感受。横向线条的粗细也对室内装饰效果起很大的作用，粗线条显得粗壮、有力，给人以坚固的感觉；细线条尖锐、敏感，能在室内营造出写意、细腻的气氛。

❗ 注意

　　放线是木质横梁施工中的要点，应严格按照设计图纸逐步画出每根横梁的精确位置。其次是对木龙骨的处理，要将其中腐蚀部分、开裂部分、虫蛀等部分剔除，再将木龙骨刷防火漆，做好防蛀、防火工作。

⭐ 推荐搭配

　　木质横梁+白松木板吊顶+乳胶漆

　　木质横梁+石膏板

图1

木质横梁给顶面设计增添了层次感，木材丰富的纹理在灯光的衬托下，质感更加突出。

① 木质横梁

② 陶质木纹地砖

③ 条纹壁纸

④ 仿古砖

⑤ 白枫木装饰线

⑥ 米黄色玻化砖

① 米白色人造大理石
② 米白色板岩砖
③ 有色乳胶漆
④ 石膏装饰线
⑤ 仿古砖

图1

以奶白色与纯白色为背景色，让客厅看起来更加宽敞明亮，深色茶几、边柜及地毯与素雅的布艺沙发相互衬托，让空间氛围更加和谐。

图2

客厅的墙面设计简单，将一面白色板岩砖装饰电视墙，简约而富有质感，柔软的美式布艺沙发，做旧的樱桃木面板茶几，一棵绿植以及三三两两随意摆放的抱枕，自由搭配，展现出美式居室的从容与随性。

图3

简洁的浅色墙面，一组黑白色的装饰画，带来浓郁的艺术气息，深色布艺沙发搭配做旧的仿古茶几，提升了整个空间的质感。

图4

嫩绿色墙漆搭配精美的花鸟图案，让电视墙的设计成为整个空间的亮点，为空间带来清新自然的韵味，布艺抱枕的图案与墙面形成呼应，灯饰、地毯、家具、挂画，整个空间低调而不失活力。

1

造大理石淡蓝色的纹理, 清丽而
有质感, 与墙面壁纸形成鲜明的
比。皮质沙发、挂画、灯饰及极富
感的原木家具, 打造出一个稳重
气的客厅空间。

2

瓜形的吊顶设计, 配以吊灯与灯
令客厅的整体氛围更加明亮,
美观性与实用性于一体。

3

米白色为主色的客厅空间, 给人
感觉清新、干净。金属支架边几、
艺沙发、绿植、挂画, 简洁有序的
配, 更易于营造出一个时尚简约
居室环境。

4

支墙面的蓝色印花壁布, 体现了
式风格清新自然的气息。柔软的
艺沙发, 配上各色抱枕, 整体氛
显馨舒适。

云纹大理石
强化复合木地板
米色网纹大理石
羊毛地毯
米黄大理石
仿古砖

[实用贴士] 层高较高的客厅怎样搭配灯饰

　　层高较高的客厅宜用三叉到五叉的吊灯，或一个较大的圆形吊灯，这样可以使客厅显得大气。灯饰的尺寸要合理，如室内空间高度为2.6~2.8 m，那么吊灯的高度就不能高于30 cm，否则就会显得不协调。不宜用全部向下配光的吊灯，可采用少数灯光打在墙上反射照明的方法，来缩小上下空间亮度的差别。如果业主习惯在客厅活动，客厅的立灯、台灯就应以装饰为主，功能性为辅。立灯、台灯是客厅中的辅助光源，为了便于与空间协调搭配，不宜使用造型太奇特的灯具。

① 石膏装饰线
② 米黄色网纹大理石
③ 金箔壁纸
④ 有色乳胶漆
⑤ 彩色硅藻泥
⑥ 陶瓷锦砖

木质搁板
米色网纹玻化砖
彩色硅藻泥
米色网纹大理石
车边银镜
文化砖

1

致的摆件和家具，体现出客厅软
搭配的用心。家具的设计造型简
线条饱满，彰显出现代风格的
约与质感。墙面抽象的装饰画，
忝了客厅的艺术气息。

2

色系的室内色彩，宁静而温暖，
约而柔软的布艺沙发，与墙面色
一致，在灯光的衬托下，凸显了
爱材质的对比。玻璃饰面的茶
深灰色地毯、挂画，醒目而突
使整体空间的色彩运用得当，
哥舒适。

3

子图案的布艺沙发，让客厅散发着
阳的英伦气息。樱桃木饰面的家具
间带来一份温润质朴的美感。

4

化砖让电视墙的拱门造型更加突
彰显了地中海风格居室的造型
点。挂画、抱枕、毛毯、地毯、灯
色彩丰富，融合得十分巧妙。

① 木质搁板

② 强化复合木地板

③ 皮革软包

④ 装饰硬包

⑤ 有色乳胶漆

图1

小客厅的整体氛围清新活泼，低矮的小型家具，小巧而精致，实用与功能性兼顾，缓解了小空间的局促感，让空间看起来井然有序。

图2

浅灰色沙发搭配银色雕花线条，予空间奢华优雅的气质。吊顶的方格造型，增强了空间的层次感，充分展现了古典风格的奢华大气。零落的插花点缀，则为奢华的空间注入一抹清新自然的美感。

图3

客厅的设计简约大气，弱化了古典风格的奢华感。石膏雕花线条简洁清爽，白色的墙面和天花板搭配蓝色布艺沙发与挂画，深浅搭配赋予空间极佳的层次感。

图4

电视墙面的拱门造型，搭配经典的蓝白条纹布艺沙发，展现了空间的地中海情调，米黄色的背景色，令空间的氛围休闲且舒适。

仿古砖
白色板岩砖
强化复合木地板
肌理壁纸
无缝饰面板

1

见墙的马蹄形壁龛，搭配精美的
瓷摆件，让墙面装饰更加丰富，也
间带来一份简约、怀旧的美感。

2

见墙的矮墙式设计，打造了一个
开放式的空间结构。白色墙面及
柜搭配米色沙发与深色茶几，让
间看起来简洁有序。

3

于清新而低调，米色、白色、灰蓝
的背景配色，赋予空间优雅的气
浅米色沙发、樱桃木实木家具、彩
艺抱枕、复古的灯饰等细节处流
美感，营造出浓浓的浪漫气息。

4

白色为背景色的客厅，在视觉上
加明朗开阔，顶面不做任何装
简单的吸顶灯，保留原始层高
同时，也让空间显得更加简约。
色家具、布艺沙发、绿植，色彩
丰富，使空间氛围清清爽爽。

图1

镜面作为沙发墙的装饰，让整个空间简洁而通透，黑色画框线条更显层次感。抱枕与窗帘的颜色形成呼应，延续了绿色的张力，营造出一种清新优雅的居室氛围。

图2

电视墙与沙发墙的色彩形成深浅对比，给人的感觉清爽自然并富于层次感。白色家具及棕黄色地板，为空间增添了一份安静与优雅的美感。

图3

白色墙裙和浅灰蓝色的墙面，丰富了空间层次。布艺沙发、茶几、装饰、墙饰及绿植，使整个空间精致有趣，十分富有北欧风格的基调。

图4

客厅的色调温和朴素，电视墙简洁的造型，既实现了多功能收纳，满足了美化要求，还能彰显现代风格的简约美感。植物图案的壁纸及抱枕为空间带来清新淡雅之感。

① 装饰银镜
② 石膏装饰线
③ 装饰硬包
④ 强化复合木地板
⑤ 有色乳胶漆
⑥ 印花壁纸

陶瓷锦砖

白枫木装饰线

灰白色网纹亚光玻化砖

有色乳胶漆

仿古砖

印花壁纸

强化复合木地板

1

瓷锦砖、木线条、鸢尾图案壁纸装
的电视墙，视觉层次更加突出，为
丁带来清新、雅致的美感。

2

绿色作为客厅背景色，彰显了田
风格清新、淡雅的基调。米色布
沙发、做旧的木质茶几、碎花地
及樱桃木饰面电视柜，打造出一
精致、舒适的居家氛围。

3

色石膏板的运用，更加衬托出
纸的质感与美感，复古家具、挂
、灯饰的搭配，让客厅整体的感
奢华且不失清新之感。

4

里石饰面的茶几、边几及电视柜，
显了古典风格家具的奢华与大
植物图案的壁纸、地毯，为奢华
间注入了大自然清新的美感。

① 米色人造大理石
② 艺术地毯
③ 有色乳胶漆
④ 米色玻化砖
⑤ 手绘墙画

图1

客厅空间以理性的灰色为主色，蓝色布艺沙发点缀黄色、蓝色、色的抱枕，增加了空间的色彩次。黑白色调的家具，对比明快，饰效果突出。角落的插花则为玩空间融入一丝清新自然的美感。

图2

茶几、边几的铁艺框架与空间灯的铁艺线条形成呼应，优美简洁黑色线条也让空间色彩更有层次

图3

电视墙面的碎花壁纸为现代风格厅带来了浓郁的自然气息。挂画地毯、抱枕等元素，将各种色彩妙地融合在一起，营造出一个和并富有层次感的客厅空间。

图4

做旧的木质家具为空间带来质朴调的视感。柔软的布艺沙发搭配枕、地毯，为客厅增温不少。电视墙的花鸟图案，是客厅装饰的亮点，沉稳的空间带来自然的清新之感。

装饰画
三幅极简主义的装饰画，色彩对
比强烈明快，让空间的配色十分
有层次感，艺术气息更加浓郁。
参考价格：800~1000元

❶枫木饰面板
❷印花壁纸
❸米色网纹大理石
❹木质搁板
❺条纹壁纸
❻咖啡色网纹大理石

[实用贴士] 层高较低的客厅怎么搭配灯饰

　　层高较低的客厅，可选用吸顶灯加落地灯，使客厅更显大方，具有时
尚感。落地灯配在沙发旁，沙发侧面的茶几上再配上装饰性的工艺台灯，
或者在附近的墙上安装较低的壁灯，不仅可以为阅读提供局部照明，而且
在会客交谈时也能增加亲切、和谐的气氛。

吊灯
造型别致、色彩对比强烈的吊灯，与空间其他配饰形成呼应，体现了空间设计的整体感。
参考价格: 200~400元

① 中花白大理石

② 雕花银镜

③ 白松木板吊顶

④ 有色乳胶漆

⑤ 浅灰色网纹大理石

⑥ 白枫木装饰线

吊灯
磨砂玻璃灯罩，让灯光更加温暖，空间氛围也更加柔和。
参考价格: 1200~1600元

色植物的点缀，给客厅带来轻松
块的视觉感受，有效地缓解了以
与白色为主色的单调感。

属砖的质感为客厅带来了质朴和
厂的意味，搭配绿色墙漆，空间
整体氛围更显自然淳朴，简洁的
线条为客厅带来了明亮的视
很好地营造出空间的层次感。

墙面的手绘墙画清新淡雅，为居
添了活力，舒缓了紧张的都市生
奏。

花布艺沙发为客厅带来了恬淡
适与温馨感，与深色木质家具
，夹杂着别样的沉静，呈现出
极有品质的家居空间。

瓷锦砖
属砖
古砖
绘墙画
术地毯

装饰材料

平面石膏板

平面石膏板吊顶的主要材料就是纸面石膏板。纸面石膏板主要是以建筑石膏为主要原料，掺入适量添加剂与纤维作板芯，以特制的纸板护面，经加工制成的板材。

优点

纸面石膏板具有重量轻、隔声、隔热、力性能强、施工方法简便的特点。平面石膏板适于各种风格的顶面装饰使用，它可以与多种顶材质进行组合运用，是一种十分百搭的装饰料，尤其适合在小户型空间中的应用。

注意

石膏板必须在无应力状态下进行安装，防止强行就位。安装时可以用木支撑作为临时撑，保证石膏板与骨架紧密接合，待螺钉固定后再将木支架撤出。安装时的顺序是从中间向四固定安装，不可以多点同时作业。

推荐搭配

平面石膏板吊顶+石膏装饰线+壁纸
平面石膏板吊顶+木质装饰线+乳胶漆
平面石膏板吊顶+木质装饰横梁

图1

平面石膏板装饰的客厅顶面，整洁大方，搭配暖带，氛围更加温馨。

① 平面石膏板
② 车边茶镜
③ 印花壁纸
④ 强化复合木地板
⑤ 木质搁板
⑥ 木纹地砖

木质搁板

皮革软包

文化砖

仿古砖

黑色烤漆玻璃

米色网纹大理石

陶瓷鼓凳
陶瓷鼓凳的花纹古朴而雅致，为
空间带来一丝复古情怀。
参考价格：400~600元

1

色电视柜增强了客厅的明快感，
型绿色植物也为色调沉稳的客厅
一份大自然的清新美感。

2

古而精致的家具、灯饰、挂画、饰
非常巧妙合理的搭配组合，营
出一个具有高质量的生活空间。

3

美式风格居室十分钟情于大地
系，深浅色调的合理搭配，令家
围呈现出优雅沉稳的气质。

4

墙面与石材装饰的电视墙，极
代风格硬朗、通透的美感。挂
抱枕及小型家具的运用，不仅
了空间色彩层次，还打破了空
调的严谨，让客厅生动而充满
。

① 米色网纹大理石
② 黑白根大理石波打线
③ 白色板岩砖
④ 条纹壁纸
⑤ 装饰硬包
⑥ 白枫木饰面板

金属摆件
金属摆件光亮的质感，别致的造型，给人的感觉现代感十足。
参考价格：200~300元

清新型餐厅装饰材料

　　餐厅的设计应给人轻松愉快的感觉，在选材上最好采用易清洁的装饰材料，设计造型要简洁，不宜过于繁琐，以免使人产生压抑感。装饰材料的色彩要用暖色调和中间色调，避免使用"非可食色"。

[实用贴士]

餐厅吊顶装修应该注意什么

　　（1）餐厅吊顶应选用防火材料。不管是出于对餐厅吊顶上面的电线管道的安全防范，还是离厨房近的原因，吊顶最好使用防火材料，防患于未然。

　　（2）购买吊顶的时候一定要注意龙骨的质量。一个质量好的吊顶，不仅要看它的扣板，最主要的是看它的龙骨，吊顶的龙骨就像住房的地基，如果不牢靠，则容易变形甚至塌陷。

　　（3）餐厅灯饰如果过重，最好不要挂在吊顶上。如果餐厅的灯饰重量大于3kg，那就最好单做一个挂钩来挂灯饰，一般吊顶的悬挂承受重量都不超过3kg，如果重量超出了它的承受范围，将存在安全隐患。

　　（4）餐厅吊顶要易于清洁。选择餐厅吊顶的时候，一定要选择十分容易清洁的材料。餐厅是人们进餐的地方，久而久之，餐厅吊顶上会沾一些水蒸气和油污，很容易滋生细菌，影响餐厅以至客厅的空气等，所以一定要易于清洁并且应经常清洁。

① 有色乳胶漆
② 木质搁板
③ 仿古砖
④ 白桦木饰面板
⑤ 磨砂玻璃

图1

做旧处理的餐桌椅，秀气大方，美式风格吊灯、壁灯和精美的花器、餐具，更加凸显了美式风格的精致。

图2

洗白处理的木质家具，为餐厅带来一份质朴的美感，做旧的樱桃木面，也很好地体现出美式风格家具的特点。铁艺吊灯、墙饰、挂画、花艺体现出美式风格强调自然的美感。

① 雪弗板雕花
② 条纹壁纸
③ 强化复合木地板
④ 木质装饰横梁
⑤ 仿古砖
⑥ 木质搁板
⑦ 竹木复合地板

图1

家具、灯饰、墙饰、抱枕, 色彩十
丰富, 缓解了深色壁纸的压抑感
令餐厅的色彩氛围更加活跃。

图2

白色给人整洁、明快的视觉感受
白色家具装饰的餐厅墙面, 集功
性与装饰性于一体。色彩明亮而
丽的餐椅及抱枕, 减弱了白色的
调感。

图3

复古的木梁顶搭配红砖, 粗犷巨
有质朴的美感, 搭配白色格子推
门, 整体感觉更加通透敞亮。

图4

餐厅墙面的黑白色调挂画, 为简
的餐厅带来了浓浓的艺术气息,
显了主人的品位。充满生机的绿
点缀其中, 将现代感与自然韵味
合得恰到好处。

1

灰色餐椅搭配黑色餐桌体现出浓
的时尚气息，银灰色餐边柜、金
黄色的画框线、灯饰，显得更加
力十足，完美地展现出现代风格
奢美感。

2

幅装饰画是餐厅中最亮眼的装
完美地提升了空间的色彩层
呈现出饱满的视觉效果，令整
氛围清新而浪漫。

3

丁顶面的设计很有层次感，纯白
爱解了米黄色墙面的单调感。拱
造型保证了光线的介入，完美地
十了空间的亮度。

4

丁背景色十分柔和素净，能给人
来亲近的感觉，原木色与白色搭
的餐桌椅，呈现出自然简约的观
黑白色调的挂画、黑色组合吊
让空间配色更有层次，渲染出
与现代的视觉感受。

陶质板岩砖
装饰壁画
陶质木纹地砖
仿古砖
松木板吊顶

装饰材料

茶镜装饰吊顶

用于装饰吊顶的茶镜是用茶晶或茶色玻璃制成的装饰镜面。

👍 优点

使用茶镜来装饰吊顶,比一般的银色更能提升所在空间的层次感。在使用时不宜大面积的使用,最好是用作装饰线条或小块局部的点缀使用。

❗ 注意

有的基层材料不适合直接粘贴镜面玻璃,包括轻钢龙骨架的天花板、发泡材质、硅酸钙板及粉刷过墙漆的饰面。

⭐ 推荐搭配

茶镜装饰吊顶+叠级石膏板

茶镜装饰吊顶+白松木板吊顶

茶镜装饰吊顶+平面石膏板

图1

茶色镜面作为顶面装饰,搭配白色石膏板,既能让顶面的设计层次更加丰富,又不会显得压抑。

① 茶镜装饰吊顶

② 米黄色玻化砖

③ 条纹壁纸

④ 仿古砖

⑤ 白松木板吊顶

⑥ 艺术墙砖

吊灯
双色金属灯罩，极具装饰效果，
很好地渲染了用餐氛围。
参考价格: 200~400元

① 印花壁纸

② 白色板岩砖

③ 强化复合木地板

④ 木质踢脚线

⑤ 仿古砖

⑥ 有色乳胶漆

⑦ 竹木复合地板

① 白松木板吊顶

② 无缝饰面板

③ 条纹壁纸

④ 有色乳胶漆

⑤ 仿古砖

装饰花艺
蓝色玫瑰花，为用餐空间融入一
份清新又不失华丽的色彩。
参考价格：根据季节议价

图1

连续的拱门造型让搁板及收纳柜
有创意，也让收纳显得井然有序。
用图书作为装饰，彰显主人的格调

图2

以原木色与白色为主色的餐厅，给人
的感觉十分整洁、舒适。蓝色画框和
餐椅的点缀，有效地调整了空间的色
彩比重，丰富了空间的色彩层次。

图3

浅卡色细条纹壁纸搭配纯白色推
拉门及餐边柜，令餐厅的整体氛围
整洁、明亮。餐桌椅的设计简洁而
复古，从细节处体现出新古典风格
居室的精致品位。

图4

以白色与米色为背景色，奠定了餐
厅舒适、简洁的基调。深色餐厅家
具的设计造型简洁，色调淳朴稳
重，为空间增添了高贵气息。

几理壁纸

强化复合木地板

枫木饰面板

木质踢脚线

木质装饰横梁

仿古砖

米色玻化砖

嫩绿色的布艺饰面,可以让人
受到一丝自然、清爽的感觉,餐
角摆放的插花,更为空间提供
份柔和的美感。

的金色边框线条为餐厅带来
奢华的视觉感受。吊灯的造型
,水晶吊坠的装饰,在灯光的
下,尽显华丽的空间格调。

以米白色的墙面为背景色,主
具以黑色和卡其色为主,对比鲜
上餐厅的整体感觉低调而淳朴。

纹平头帘搭配平开帘构成的餐
帘,层次丰富,流苏元素更显
与华丽,与餐椅的布艺饰面形
应,体现出设计搭配的协调。

吊灯
将流苏元素融入吊灯设计中，极具创意，装饰效果突出。
参考价格：1200~1400元

图1

整个餐厅以白色为背景色，干净洁的墙面、做旧的原木色家具搭配黑色铁艺灯饰，整个空间散发北欧风格的安逸与温暖。

图2

灰色调的墙面，为空间带来了稳重的气息，深色餐椅搭配白色餐桌在沉稳中透露着大方与张扬。

图3

餐厅的整体色调雅致而不失清新感。嵌入式餐边柜搭配墙面挂画形成复古与现代的碰撞，赋予空间更大的装饰魅力。

图4

以白色与原木色为主色的餐厅给人的感觉简洁而质朴，蓝色的点缀，带来一份清新、明快的视感。

① 石膏顶角线

② 有色乳胶漆

③ 磨砂玻璃

④ 白松木板吊顶

⑤ 陶瓷锦砖

餐厅的灯光如何设计

一般来讲，房间的层高若较低，宜选择筒灯或吸顶灯作主光源。如果餐厅空间狭小，餐桌又靠墙，可以借助壁灯与筒灯的巧妙配搭来获得照明的需要。处理得当的话，一点儿也不比吊灯的美化效果弱。在选择餐厅吊灯时，要根据餐桌的尺寸来确定灯具的大小。餐桌较长，宜选用一排由多个小吊灯组成的款式，而且每个小灯分别由开关控制，这样就可以依用餐需要开启相应的吊灯盏数。如果是折叠式餐桌，那就可以选择可伸缩的不锈钢圆形吊灯来根据需要随时调整光照空间。而单盏吊灯或风铃形的吊灯就比较适合与方形或圆形餐桌搭配了。

值的实木餐桌让以浅色调为背景
的餐厅，看起来更加沉稳、内敛。
清通透的木花格隔断，是餐厅中
亮眼的装饰，让室内的设计造
更为丰富。

水木饰面板的餐桌椅与地面仿古
形成色彩上的呼应，为餐厅带来
温暖与厚重的感觉。

面壁龛的设计造型，为餐厅带
一份现代时尚感，搭配复古的窗
壁纸、家具，打造出一个具有混
调的用餐空间。

吊灯
玻璃灯罩的通透感十足，装饰性
与功能性兼顾。
参考价格：1800~2000元

木质花格
米白色玻化砖
密度板混油
仿古砖
艺术玻璃
米黄色玻化砖

图1

餐椅的颜色形成鲜明的对比，村
显眼，打破了大面积白色所产生的
调感，为空间带来饱满的视觉效果

图2

彩色手工玻璃吊灯是餐厅中最¬
的装饰，与空间的布艺装饰形¬
应，奠定了餐厅清新、自由、浪¬
地中海风格情调。

图3

大马士革图案的壁纸、欧式古り
格的家具、华丽的吊灯，打造¬
个奢华且不失温馨感的餐厅空¬
花艺的点缀，为空间带来自然¬
的美感。

图4

做旧的樱桃木饰面家具，彰显¬
中海风格家具淳朴、自然的特¬
墙饰、灯具、花艺，体现了空间¬
装饰的品质与美感。

吊灯
彩色玻璃吊灯在灯光的衬托下，
色彩更丰富，装饰效果更佳。
参考价格：800~1200元

① 有色乳胶漆
② 磨砂玻璃
③ 仿古砖
④ 雪弗板雕花
⑤ 木质踢脚线

色金属吊灯为餐厅增添了美式风
日犷中透着细腻的美感。做旧的
色木质家具更加彰显了美式风格
享朴格调。

厅背景采用淡蓝色墙漆与白色护
又作为装饰, 勾勒出现代美式的优
门从容。色调沉稳的餐边柜为浅色
的空间带来了低调细腻的美感。

合装饰画是餐厅墙面设计的亮
有效地缓解了墙面的单调感。
色尖腿餐桌椅, 体现了古典家具
青细与美感。

厅以浅色为主色调, 清新自然又不
约优雅, 淡蓝色布艺窗帘、黑色铁
灯, 复古怀旧, 打破了空间的单调
给餐厅注入了一些活力和色彩。

白色乳胶漆
有色乳胶漆
方古砖
石膏顶角线
长色玻化砖
木质踢脚线
黑白根大理石波打线

装饰材料

抛光石英砖

抛光石英砖是一种仿天然石材，主要由英、陶土、高岭土、黏土等成分制成坯体，表面过磨光或抛光处理。

👍 **优点**

抛光石英砖的表面光滑，质感很好，它没过多的纹理，但是可选的颜色十分丰富，适用于同风格的空间使用，同时具有抗压强度高、耐的特点。

❗ **注意**

虽然抛光石英砖的优点多多，缺点也是容忽视的，抛光石英砖表面毛细孔大，吸水强，在日常生活中，如果不小心将果汁、咖啡有色液体洒在抛光石英砖上，要马上清理干净否则污渍会迅速渗入石材内，很容易让抛光石英砖失去光泽，留下痕迹，大大降低了抛光石砖的美观程度。

⭐ **推荐搭配**

抛光石英砖+大理石波打线
抛光石英砖+木质踢脚线/人造石踢脚线

图1

地砖的色泽柔和，纹理丰富清晰，使用餐环境更加洁、干净。

① 抛光石英砖
② 彩色硅藻泥
③ 米黄色网纹亚光玻化砖
④ 装饰银镜
⑤ 印花壁纸
⑥ 米色玻化砖

吊灯
吊灯的造型简洁大气，水晶吊坠
在灯光的衬托下，极富美感，是
整个餐厅设计的亮点。
参考价格: 2200~2600元

有色乳胶漆
竹木复合木地板
镜装饰线
色硅藻泥
化复合木地板
枫木百叶

装饰画
大大小小的组合装饰画, 色彩丰富、绚丽, 让餐厅配色更有层次。
参考价格: 20~80元

图1

墙面的大面积蓝色, 随和而自然, 柠檬黄的吊灯、棕红色餐桌、白边框的餐椅, 让整个空间的配色有层次感, 使用餐氛围更有品质。

图2

镜面与灯光的搭配, 使餐厅的视觉效果更加饱满。古典风格的家具更显出法式田园风格的柔美与清新。

图3

清新的田园风格, 必然会有绿色参与, 以绿色为背景色, 白色+白色的家具再搭配色彩丰富的挂画, 使餐厅的整体氛围显得多姿多彩。

图4

用陶瓷锦砖、不锈钢条、木饰面、壁纸装饰餐厅墙面, 使整个空间有层次感, 挂画为空间增添浓郁艺术气息。

① 有色乳胶漆

② 车边银镜

③ 木质踢脚线

④ 陶质木纹地砖

⑤ 陶瓷锦砖

⑥ 不锈钢条

光好的餐厅用咖啡色装饰墙面,
过灯光的合理衬托,缓解暗暖色
压抑与单调,搭配白色家具,让空
的色彩更加和谐、更有层次感。

长色硅藻泥搭配白色护墙板,舒
且大气,经典的樱桃木餐桌搭配
子图案的包布餐椅,彰显出美式
格的朴实与经典。

与地面仿古砖,彰显了地中海风
象重质朴的美感。墙面蓝色与白
的搭配,是地中海风格家居中最
的配色,具有纯净的美感,整个
的氛围使人感到协调、舒适。

色墙面占据了空间的大部分画
明快的绿色餐椅,搭配深色木
餐桌、挂画、搁板,让餐厅空间不
得单调。

木质踢脚线
长色玻化砖
彩色硅藻泥
白枫木饰面板
白色板岩砖
木质搁板

彩绘玻璃吊灯
色彩斑斓的玻璃灯罩, 在暖色灯光的衬托下, 更显华丽。
参考价格: 800~1200元

① 有色乳胶漆
② 米色玻化砖
③ 陶瓷锦砖
④ 白枫木饰面板
⑤ 仿古砖
⑥ 木质踢脚线

璃推拉门具有灵活通透的特点，
攺地将厨房与餐厅进行了空间划
保证了用餐空间的独立性。

2
造花白大理石装饰的餐厅墙面，
净大气，缓解了大量米色的单调
灯饰、挂画、家具、饰品的搭
尽显古典风格的精致格调。

3
白色的餐桌椅，色彩清爽、明快，
空间中的绝对主角。美轮美奂的
晶吊灯、精致的烛台及餐具，细
中体现了用餐空间的品质。

[实用贴士]

如何选择餐厅灯具

餐厅照明最好采用间接光线，以求塑造出柔和而又富有节奏感的室内情趣。因此，选用餐厅灯具时应考虑所选灯具的大小、悬垂高度、色彩、造型及材质等多方面因素。灯具的悬垂高度将直接决定光源的照射范围，应根据就餐区的大小及房间的高度合理选择。悬垂过高会使房间显得单调、冷清，过低则会显得压抑、拥挤。

在选择餐厅灯具时还要注意灯具的色彩和材质应与周围环境相协调。木质餐桌最好选用色调朦胧的黄色灯光，以增加餐厅温馨的气氛；而金属玻璃的餐桌椅若配以造型简单的玻璃吊灯，则可将餐厅的气氛营造得更具现代感。

吊灯
六角玻璃吊灯，为空间注入了一份复古情怀。
参考价格：800~1200元

条纹壁纸
米色玻化砖
人造花白大理石
米黄色网纹玻化砖
米色网纹玻化砖

图1

原木色是北欧风格中常用的色彩
与白色搭配,使整个空间弥漫着
然、温暖的气息。

图2

整个餐厅以米色调为主,通过不
的材质来凸显色彩的层次感,营
出一个和谐、舒适的用餐空间。
饰、挂画、花艺的点缀,体现出美
风格从容而细腻的风格特点。

图3

餐桌椅的设计线条优美流畅,彰
了古典风格家具的特点,花色
秀丽的布艺包面为空间带来一丝
爽、自然的气息。

图4

墙面三联装饰画、灯饰为以浅色
为主的餐厅增添了色彩的层次感
白色餐桌椅的设计造型简约且带
一丝复古情怀。

① 木纹壁纸
② 米色玻化砖
③ 有色乳胶漆
④ 仿古砖
⑤ 白色乳胶漆
⑥ 木质踢脚线

1
苛绿的布艺窗帘与餐桌椅的颜色
成呼应，彰显了空间色彩搭配的
本感，也缓解了白色的单调感，
餐厅的氛围更加清爽、明快。

2
木色的餐桌饰面，为餐厅带来一
享朴的美感，使用餐氛围更显稳
且柔和。嫩绿色的墙漆与白色家
荅配，显得轻柔而明快。

3
里石餐桌为餐厅带来奢华贵气的
感。同色调的墙漆、窗帘及餐椅
出一个和谐舒适的用餐空间。

4
灰色护墙板也为古典风格空间带
一丝现代的时尚感。蓝白双色的
桌椅、灯饰、挂画，为纯洁的空间
了丰富的层次感。

壁灯
暖色调的壁灯，为空间提供了一
份温馨舒适的美感。
参考价格：200~300元

白枫木装饰线

有色乳胶漆

方古砖

戈咖啡色网纹大理石波打线

仿岩砖

仿岩砖是将瓷砖或石英砖通过加工工艺造成岩板纹理。目前市面上的仿岩砖,大部分石英砖的材质制作,耐用度和硬度较好。

👍 优点

仿岩砖适合墙面、地面使用,有不同的尺供选择,可以根据空间的面积来选择砖体小。使用仿岩砖来装饰餐厅,能够使整个餐厅氛围更加自然、淳朴,并带有一定的复古情怀。

❗ 注意

由于仿岩砖的边角不会像其他砖体那么直,若想要铺贴出整齐的效果,可以在铺贴的候保留6mm的缝隙,然后利用填缝剂进行填以达到整齐的效果。

⭐ 推荐搭配

仿岩砖+木质装饰线

仿岩砖+陶瓷锦砖+木质装饰线

图1

仿岩砖装饰的墙面与绿色墙漆搭配,营造出一个自然淳朴的用餐氛围。

① 白松木板吊顶

② 仿岩砖

③ 有色乳胶漆

④ 木质踢脚线

⑤ 黄松木板吊顶

⑥ 米色亚光地砖

1

戈条纹的餐椅包布,格外显眼,提升
空间的色彩层次。复古灯饰、大小
一的饰品,搭配浅灰色的背景墙,彰
出新古典风格细腻、雅致的一面。

2

型朴实的实木餐桌椅,将地中海
格朴素的一面呈现在眼前。色彩
以白色和蓝色为主,使深棕色木
餐桌椅更显稳重。

3

白相间的餐椅包布及桌旗,使空
元素更为丰富,衬托出原木色的
然与淳朴。

4

离推拉门的运用既保证了空间区
的分割,又不影响餐厅的采光。清
明快的色调及简约且复古的设计
型,使餐厅空间更显精致、典雅。

风扇吊灯
风扇造型吊灯精致而复古,是地
中海风格的经典灯饰。
参考价格:800~1200元

有色乳胶漆
仿古砖
陶瓷锦砖
热熔玻璃

图1

米黄色餐厅墙面柔美而雅致,蓝色餐桌椅极富地中海情怀,灯饰、绿色花艺、挂画,巧妙地搭配在一起,健康自然的餐厅空间呈现在眼前。

图2

白底印花壁纸为餐厅带来一份安逸与舒适的视觉感,餐桌椅造型现代而简约,颜色对比明快,与挂画、灯饰在色彩上相呼应,呈现出简约大气的空间特点。

图3

蓝色塑造出宁静、淳朴的用餐空间。同一种木材应用于顶面、墙面及家具,彰显了空间搭配的协调性。

图4

蓝白色的餐桌椅令空间轻快而明亮,挂画的色调与其形成呼应,彰显了空间整体色彩的协调统一。灯的造型极具设计感,集美观性与实用性于一体。

① 木质搁板
② 印花壁纸
③ 人造石踢脚线
④ 彩色釉面砖
⑤ 条纹壁纸

清新型卧室装饰材料

　　清新型卧室的装饰材料可以选择天然木材、乳胶漆、壁纸和软包等。选用时要先考虑与房间的色调及家具的协调性。清新型卧室中材料的色彩应尽量淡雅一些。

① 条纹壁纸

② 艺术地毯

③ 有色乳胶漆

④ 实木复合地板

⑤ 装饰壁布

图1

蓝白色调的空间，象征着自由与浪漫，搭配经典的纯白色家具，完美呈现出地中海风格的格调。

图2

碎花壁纸装饰的卧室墙面，满满都是美式田园清新、自然的视感，深棕色与原木色的家具更加凸显了其自然、淳朴的风格特点。

图3

高挑的卧室空间，采光极好，厚重感十足的布艺窗帘让空间氛围更舒适，又具有极佳的装饰效果。深色实木家具彰显了古典美式风格低调的内涵。

图4

床品与沙发椅的花色形成呼应，为卧室带来一份清爽与柔美的感觉。白色复古家具体现了古典风格的精致品位。

① 条纹壁纸
② 强化复合木地板
③ 无缝饰面板
④ 艺术地毯
⑤ 木质搁板
⑥ 皮革软包

弯腿床头柜
弯腿床头柜的造型线条优美流畅，展现出古典主义精致的生活态度。
参考价格：400~600元

图1

纯白色床品在深浅橙色条纹壁纸背景环境中，显得纯美大气，环令空间氛围充满童趣。

图2

床头对称的吊灯古朴雅致，布艺品沉稳的色调，营造了怀旧的气氛，挂画极富艺术感，在不经意间将式的文化底蕴显现得淋漓尽致。

图3

淡淡的灰蓝色壁纸为卧室营造出个浪漫舒适的空间氛围，床品及帘在色彩上形成呼应，白色家具空间更显整洁、明快。

图4

灯饰的水晶吊坠为卧室带来时尚美的视觉感，搭配复古图案的壁与软包，凸显了空间的奢华气息

布艺幔帐
布艺幔帐的运用,打造了一个温
馨、华丽、舒适的空间氛围。
参考价格: 600~1000元

录色与白色为主要配色的卧室空
清爽明快,给人以舒缓自然放
的视觉感受。

2
色装饰的卧室墙面,沉稳而安
深色木质家具造型复古,为空
带来稳重感,搭配暖色调的布艺
布,更显舒适温馨。

3
室给人的第一感觉十分轻柔舒
木纹壁纸与纯白色护墙板装饰
墙面,简洁而富有层次感。幔帐、
白床及床品,更显自由与浪漫。

条纹壁纸
有色乳胶漆
手绘墙画
木纹壁纸
白枫木饰面板
强化复合木地板

[实用贴士] 卧室吊顶的设计

卧室的吊顶设计不仅能美化室内环境,还能营造出丰富多彩的室内空间艺术形象。常见于卧室的吊顶方式有轻钢龙骨石膏板吊顶、石膏板吊顶、夹板吊顶等。

常见于卧室的吊顶方法有平面式吊顶、凹凸式吊顶等。平面式吊顶是指表面没有任何造型和层次的吊顶方法。这种顶面构造平整、简洁、利落大方,也比其他的吊顶形式节省材料,适用于各种居室的吊顶装饰。它常用各种类型的装饰板材拼接而成,也可以在表面刷浆、喷涂,裱糊壁纸、墙布等。凹凸式吊顶是指表面具有凹入或凸出构造处理的一种吊顶形式,这种吊顶造型复杂富于变化,层次感强,常常与灯具搭接使用。

白枫木饰面板

将天然的白枫木刨切成一定厚度的薄片，将薄片黏附于胶合板表面，然后经热压而成的饰板材被称为白枫木饰面板。

优点

白枫木饰面板给人一尘不染、简单脱俗、自然简约的感觉。白枫木的纹理多变、细腻，木材韧性佳，软硬适中。可以使小巧的房间看起来整洁、不拥挤，非常适合浅色调家居风格和纯白、蓝的地中海风格。

注意

在选购白枫木饰面板时，要尽量选择贴面的板材，因为合成板材的贴面越厚，性能越好，油漆后更有质感，纹理也更清晰，且色泽鲜明，饱和度也更好。可以根据板材的切面来判断贴面厚度。

推荐搭配

白枫木饰面板+壁纸+乳胶漆

白枫木饰面板+装饰软包+木质装饰线

白枫木饰面板+装饰硬包+装饰线

图1

采用白枫木饰面板与彩色硬包的精选搭配，材质的搭配给人的触感十分温暖，配色效果也十分清新明快。

① 白枫木饰面板

② 强化复合木地板

③ 装饰硬包

④ 有色乳胶漆

⑤ 印花壁纸

⑥ 木质踢脚线

手绘墙画
羊毛地毯
木纹壁纸
艺术地毯
白枫木装饰线
有色乳胶漆

鸟题材的墙画，形成了别具风格
室内背景墙，深色地板、家具、布
术品的深浅搭配，营造出空间的
暖与华丽。

色的床头软包，互补的颜色，
美的图案成为卧室装饰的亮点，
术品、地毯的颜色形成呼应，彰
了搭配的整体感。

单的纯白色线条搭配浅米色的织
壁纸，更显理性温柔。深色软包
挂画、灯饰，恰到好处地融入浅
调空间，丰富了空间的色彩层次。

鸟水墨画为空间带来了别样的美
简洁柔软的床品与画品形成呼
协调统一。

吊灯
银色金属吊灯造型简洁大方，为卧室注入一份时尚感。
参考价格：800~1200元

图1

软包床头的造型，简单而富有韵感，摒弃了繁复的装饰，回归本真，单人沙发的皮革饰面，极富质感，在色彩上让白蓝对比更显柔和。

图2

卧室中以蓝色作为背景色，护板、衣柜、床头柜以纯白色为主色，令卧室的整体氛围清新而明快。

图3

鹅黄背景色令卧室的氛围更显温馨舒适，家具、床品、挂画、灯饰的搭配，使整个卧室空间通过色彩及细节的传递，弥漫着清新、浪漫的气息。

图4

白色的四柱床搭配浅暖色棉床品，凸显了其舒适的质感，也为该风格卧室增添了一份简洁的美感。

① 皮革软包
② 印花壁纸
③ 白枫木装饰线
④ 白松木板吊顶

印花壁纸

黑胡桃木装饰线

布艺软包

白枫木装饰线

白枫木百叶

皮革软包床搭配浅咖啡色印花
：，以及黑白色调的挂画、灯饰、
，营造出了时尚而典雅的空间
。

背景墙勾勒出的黑色精致线
明快而富有条理。床品、地毯上
的纹样图案密切相连，彰显出
的高贵气质。

、木质线条、壁纸的组合搭配，
色调墙面更有层次感。木质家
美的雕花彰显了古典风格的精
品位。

线条及家具搭配浅灰色软包墙
以及框线内的花卉壁纸，都为
增添了一份优雅。深色软包床
毯色彩相协调，为卧室带来一
代时尚的气息。

床品
布艺床品的图案及颜色丰富，很好地点缀了卧室的色彩层次。
参考价格：400~600元

图1

卧室里的地毯纹样、床品纹样、枕纹样在空间里起到了非常好的装饰作用，增加了卧室的华丽感。

图2

素雅的格子图案壁纸，显得活泼有层次感，与地毯、床品形成良好的呼应关系，极具表现力。

图3

花草图案的壁纸搭配同色调的床品，给人带来赏心悦目的感觉。造型优美的白色家具搭配其中，将空间恬静、唯美的气质完美地呈现出来。

图4

绿色布艺窗帘搭配原木色，自然气息瞬间弥漫其间，彼此呼应恰到好处，整个卧室犹如一派绿意盎然的空间氛围。

① 白枫木百叶
② 强化复合木地板
③ 格子图案壁纸
④ 实木地板
⑤ 印花壁纸
⑥ 木纹壁纸

印花壁纸

强化复合木地板

艺术地毯

装饰硬包

肌理壁纸

床头柜
床头柜的造型简洁大方，既有
装饰效果又具有很好的收纳
功能。
参考价格：600~800元

色壁纸搭配白色家具，舒适且
，蝴蝶造型的金属吊灯，以其独
质感，成为卧室里的视觉焦点。

的灯光营造出温暖舒适的睡眠
，白色软包床与床尾凳，保证
间的整洁与舒适。

的布艺元素显得装饰感十足，
色窗帘为空间带来了时尚感，
浅色调空间带来了惊艳而舒适
特氛围。

[实用贴士] **主卧室照明的设计**

　　主卧室照明应该是中性的且令人放松的，可以通过使用一个以上的照明点得以实现。要根据实际照明需要，合理配置灯光。还要考虑床周围的阅读照明，宜使用柔光灯泡，它可以用来突出一个特别的物体或与聚光灯相组合，增强卧室的气氛。头顶照明适合使用具有调光功能的灯具，以便灵活地调节照明光的强度。梳妆台的布光，要保证来自镜子两侧的光线均匀，以免在脸上投射阴影，这一区域的光可以比总体照明亮一些。

① 布艺软包
② 实木地板
③ 木质装饰线混油
④ 条纹壁纸
⑤ 白枫木饰面板
⑥ 石膏顶角线

图1

柔和的米白色软包及壁纸，营造
一个轻松愉快的氛围。软包床及
帘的颜色形成呼应，为空间增添
一份简约而奢华的美感。

图2

蓝色与白色的搭配，给人以放松
明快的视觉感受，米色调的壁
与原木色地板，则为空间增添
实、稳重的气息。

图3

卧室的搭配一软一硬，一深一浅
菱形几何软包搭配白色护墙板
富了色彩装饰的层次，也让空间
围更显清新和雅致。

图4

深浅对比色的条纹壁纸，搭配E
木质家具，显得干净又舒适，布
偶的点缀为卧室增添了无限童趣

箱式床头柜
实木箱式床头柜，古朴雅致，装
饰效果极佳。
参考价格：800~1200元

1

吉的白色线条让墙面的设计更有
欠感；暖色灯光的衬托，让卧室
氛围舒适而温馨。

2

天、白云与小熊维尼的墙画，将
室的主题带到了童话世界，打造
一个童真、烂漫的卧室氛围。

3

雀绿的窗帘是卧室装饰的亮点，缓
了白色与米色的单调感。原木色地
为卧室带来自然、质朴的感觉。

4

色与床头墙的设计延伸为一体，
见的视觉效果很有整体感，镜面
次包让卧室更具时尚气息，且不
良漫与恬静。

白枫木装饰线
装饰硬包
强化复合木地板
有色乳胶漆
实木地板
布艺软包

台灯
暖色调的台灯令睡眠空间更加温
馨、舒适。
参考价格：200~300元

装饰材料

皮革软包

皮革软包是将海绵或泡绵等软包填充物用皮革进行包装的一种墙面装饰材料。立体强，能够大大地提升家居装饰效果。

👍 优点

皮革软包的可选颜色十分丰富，除了具有化空间的作用外，皮革软包还具有吸声、隔声、防潮、防霉、抗菌、防水、防油、防尘、防污、防电、防撞等功能。

❗ 注意

一般家庭装修中，通常会选用定制的成皮革软包作为墙面装饰，成品软包的施工十分便快捷，只需要将定制的软包用蚊钉和胶水固在处理好的木板基层上即可。选用成品软包要意测量尺寸一定要做到精准无误，不能有一点虎，否则会造成很大浪费。

⭐ 推荐搭配

皮革软包+木饰面板

皮革软包+木线条+壁纸

图1

皮革软包的色彩高雅且复古，与白色护墙板搭配，给带来清新明快的视觉效果。

① 皮革软包

② 实木地板

③ 白松木板吊顶

④ 印花壁纸

⑤ 金箔壁纸

⑥ 布艺软包

空间以驼色为主，床头墙上的
饰画，呈现出中式的古典韵味。
白色调的床品及家具带着现代时
感，打造出不一样的中式风情。

2

白色的墙面及布艺给人以简洁的
感，空间里的留白，衬托出简洁
格的居室规划。

3

白相间的条纹壁纸及布艺，强化
地中海风情格调，蓝色与白色的
互衬托下，整体空间显得平和而
漫。

4

墙上的奶白色，让整个空间覆盖了
层柔和的美感，白色家具简约而明
，浅灰色软包床、地毯，让空间色
更有层次，且带有一丝时尚感。

直纹斑马木饰面板
肌理壁纸
印花壁纸
强化复合木地板
条纹壁纸
有色乳胶漆

床头柜
弯腿实木床头柜的线条优美流
畅，彰显了古典欧式风格家具的
格调。
参考价格：600~800元

图1

鹅黄色印花壁纸理性而现代，搭配白色家具，给人的感觉洁净而温馨

图2

浅咖啡色印花壁纸在灯光的烘托下，极富质感，深色调的木质家具让空间基调更加沉稳、安逸。

图3

孔雀蓝的抱枕成为卧室中较为亮眼的点缀，缓解了白色与浅棕色的单调与沉闷，为卧室带来一丝清爽之感。

图4

雪弗板与镜面的结合，立体感十足，搭配合理的灯光设计，装饰效果极具变化，层次更加丰富。卧室家具的设计选材极富现代感，渲染出时尚现代的卧室氛围。

吊灯
金属框架让水晶吊灯装饰效果更佳，使空间更有时尚感。
参考价格：1800~2000元

① 印花壁纸
② 欧式花边地毯
③ 有色乳胶漆
④ 强化复合木地板
⑤ 羊毛地毯
⑥ 雪弗板雕花贴银镜

色打造出一个休闲浪漫的空间氛
设计造型简单的白色木质家具
得干净利落而不失质感。

2

本的空间色彩，温暖舒适，纯白
家具与米黄色软包、床品，都为
司提供了源源不断的温暖动力。

3

灰色软包为卧室带来精致轻奢的
感，灯饰、家具、布艺饰品，相辅相
为空间带来时尚感和艺术感。

4

空间的线条简洁且不失古典风
的精致品位。白色木质家具、抽
的装饰画、绿植花艺，为空间带
了更多的浪漫色彩。

台灯
台灯的设计造型简单，展现出现
代欧式风格简约大气的特点。
参考价格: 200~400元

印花壁纸

雕花银镜

支革软包

白枫木饰面板

实木地板

台灯
台灯的金属支架采用竹节式设
计，别致而时尚。
参考价格：200~400元

图1

米色的大朵花卉壁纸背景墙，
配自然质朴的原木色地板，给人
舒缓自然放松的感觉，白色家具洁
净、整洁。

图2

纯白色护墙板搭配布艺软包，给人
种高贵又不失理性的美感。家具的线
条简单明快，使空间更富条理。

图3

浅绿色植物壁纸搭配白色护墙板
柔美而简洁，灯饰、家具、地毯等元
素的融入，让卧室十分有层次感

图4

纯白色家具在蓝白相间的背景色
境中，显得纯洁、大气。暖色灯光
衬托，让看似单调的卧室更有暖意

① 印花壁纸
② 布艺软包
③ 装饰壁布
④ 艺术地毯
⑤ 条纹壁纸
⑥ 混纺地毯

的设计造型简洁舒适，搭配色
明快清爽的绿色软包床，在色彩
白色、黑色、金色形成对比，丰
空间的色彩层次。

自然柔和的碎花壁纸与床品给
放松的视觉感受。沉稳古朴的
家具，让整个空间弥漫着舒适
的柔美氛围。

墙设计成拱门造型，搭配大花
壁纸，体现出古典田园风格高
庄的格调。深色实木家具体现
凡的品质与空间的奢华气质。

吊灯
美轮美奂的多层水晶吊灯，为卧
室增添了一份现代时尚感。
参考价格：1800~2200元

黑胡桃木装饰线
无缝饰面板
艺术地毯
印花壁纸
实木地板
混纺地毯

[实用贴士] 卧室中壁灯的选购

　　卧室壁灯的灯罩透明度要好，造型和花纹要与墙面及室内的装修风格协调。另外，壁灯的支架应该选择不易氧化和生锈的材质，外层镀色要均匀、饱满。壁灯的光照度不宜过大，一般家庭使用灯泡或灯管的功率都不宜超过 100W，而且规格要适宜。在中等面积的房间里，可以安装双头壁灯，小房间内则可安装单头壁灯。另外，空间大的居室应该选用厚型壁灯，空间相对小的卧室可选薄型壁灯。为安全起见，最好不要选择灯泡距墙面过近或无隔罩保护的壁灯。

图1

大面积的蓝色显得格外醒目活跃,在蓝色的衬托下,白色家具外显眼。米字旗图案地毯与绿色帘在衬托出墙面色彩的同时,也空间带来了活力。

图2

精致、复古的布艺饰品,色彩安气质高雅,带给人以放松、舒适家居氛围。

图3

明快的绿色给人以舒缓、自然松的心境,浅卡色壁纸与白色干净、整洁。

图4

孔雀蓝色背景墙让空间变得理木色家具线条简洁,更显温馨适。白色床品柔软舒适,让卧室围自由放松,毫不拘束。

幔帐
古典欧式布艺幔帐让卧室的氛围更显轻柔、舒适。
参考价格: 400~600元

① 有色乳胶漆
② 强化复合木地板
③ 彩色硅藻泥
④ 肌理壁纸
⑤ 印花壁纸

床头柜
床头柜纤细的弯腿造型，彰显了
古典家具优美的线条感。
参考价格: 400~600元

色的床头软包搭配白色幔帐，
而飘逸，色彩丰富的布艺玩
让卧室充满童趣。

墙面两侧对称的花鸟图案，营
新中式风格典雅的意境。将家
灯饰、布艺、地板等元素融合
起，使卧室空间给人以深深浅
层次分明的视觉效果。

顶面、墙面及家具，打造出一个
干净的卧室空间。碎花床品及
，让卧室的氛围舒缓恬静。

的雕花镜面，彰显出现代欧式
的丰满时尚的美感。浅灰色软
及床品为空间融入一份现代风
睿智与洒脱。

布纹砖
桃木装饰线
松木板吊顶
条纹壁纸
雕花茶镜

装饰材料

竹木复合地板

竹木复合地板是采用竹材与木材复合再生的产物。它的面板和底板，采用的是上好的竹材，而其芯层多为杉木、樟木等木材。

👍 优点

竹木复合地板的色泽自然清新，表面纹理细腻流畅，具有防潮、防腐、防蚀以及韧性强、弹性的特点。由于竹木复合地板芯材采用了木材原料，故其稳定性极佳，结实耐用，脚感好，松紧协调，隔声性能好。从健康角度而言，竹木复合地板尤其适合有老人与小孩的家庭装修使用。

❗ 注意

在日常使用中，应经常清洁竹木复合地板，保持地面的干净卫生，清洁时，不能用太湿的抹布或拖把清理。日常保养时，可以每隔几年打一次地板蜡，这样维护效果更佳，可以延长地板的使用寿命。

⭐ 推荐搭配

竹木复合地板+地毯

图1

竹木地板温润的色泽及丰富的纹理，再搭配印花地毯，整个地面的设计清新而淡雅。

① 彩色硅藻泥
② 竹木复合木地板
③ 白松木板吊顶
④ 印花壁纸
⑤ 艺术地毯

绿色的布艺窗帘、白色家具、鹅
色地毯，丰富了空间里的色彩，
整个空间更舒适和谐，让大面积
益色个再突儿。

分色墙漆搭配素色条纹壁纸，整
氛围温馨而浪漫。地毯、家具、
饰的点缀，让卧室的整体氛围温
而明媚。

长色的背景墙搭配白色家具，舒
大气。家具的造型复古，使空间
现出浓郁的古典情怀。

微发黄的白色背景墙搭配金色线
再用卡色壁纸作为两侧装饰，质
一分突出。暖色的灯光搭配木色
具，让卧室的整体氛围自然柔美。

与色乳胶漆
艺术地毯
白枫木装饰线
印花壁纸
几理壁纸

床头柜
封闭式床头柜，具有良好的装饰
效果与收纳功能。
参考价格：600~800元

① 石膏装饰线
② 布艺软包
③ 雕花玻璃
④ 手绘墙画

床品
几何图案的布艺床品，色彩层次
明快，让整个空间都显得时尚又
有舒适感。
参考价格：400~600元

图1

花卉图案的地毯复古而别致，为卧
室带来朴素、自然的气息，是空间
中装饰的焦点。黑漆家具让米色调
的空间配色更有层次感。

图2

布艺软包与木饰面板装饰的卧室床
头墙触感柔和，给人带来十分舒适
的感觉。高级灰与木色相搭配，优
雅而随性。

图3

玻璃隔断的精美雕花图案是卧室中
较为亮眼的装饰，通透且富有美感；
浅咖啡色的格子图案壁纸，为以白
色为主的空间带来一份活跃感。

图4

白色粉刷的墙砖背景与黑色线条图
案完美搭配，突出了空间的质感。
暖色的床头软包及床品为空间带来
了暖意。